日々の生活を快適にする Notion 活用術

タスク、マネー、情報を一括マネジメント！

はじめに

私が「Notion」に初めて触れたのは2年ほど前のことでした。
当初はここまで認知が広まっておらず、日本語対応もされたばかりで利用者もそこまでいませんでした。

しかし使ってみると、「Notion」の魅力にどんどんハマっていきました。
これまで数種類のアプリでやっていたことをすべて「Notion」に集約することができるようになり、「自分の身の回りの情報の整理」や「タスク管理」などが効率よくできるようになりました。

*

本書では、2023年の最新アップデートの内容も含んだ、「Notion」の基本的な使い方を紹介しています。
まだ「Notion」を使ったことがなかったり使い方がいまいち分からない方向けに、画像も使いながら分かりやすく紹介しています。
ぜひこの機会に「Notion」に触れていただき、魅力を感じてみてください。

そして、「Notion」はアップデートのスピードが早く、日々新しい機能が追加されています。
私が執筆しているブログでは最新情報や書籍では紹介しきれなかった機能も紹介しているので覗いてみてください。

読書の方に少しでも「Notion」の魅力が伝わり、私生活や仕事が良い方向に変わることを祈っております。

エンセい

日々の生活を快適にする Notion 活用術

CONTENTS

サンプル・テンプレートのダウンロード

本書で紹介しているサンプル・テンプレートは、以下のページからダウンロードできます。

サンプル・テンプレート一覧ページ

https://profuse-atom-c1f.notion.site/20cca9b51c2a420fa0a4be81db1f45d6

第1章
「Notion」とは

この章では、「Notion」をまだ使ったことがない方に向けて、「Notion」の「概要」や「始め方」「基本的な使い方」を説明します。

1-1 「Notion」とは

「Notion」は、2021年4月に日本語のリリースが始まり、そこから日本で人気上昇中の「オールインワン・アプリ」です。

個人はもちろん、最近では企業でも導入されており、情報管理/ドキュメント作成ツールとして注目を集めています。

*

ここでは、そんな「Notion」の基本的な使い方・概要を紹介していきます。
使ったことがない方でも理解しやすいよう分かりやすく紹介します。
「日々いろんなアプリを使っていて管理が大変」「シンプルなデザインでタスクや情報を管理したい」という方は、ぜひ参考にしてみてください。

1-2 「Notion」の始め方

まずは「Notion」の始め方を紹介します。

■アカウント作成

「Notion」を利用するには、「アカウント」を作る必要があります。

手順 「Notion」のアカウント作成

[1] まずは「Notion」の公式サイトに移動します。
公式サイトはこちらです。

Notion公式サイト
https://www.notion.so/ja-jp

Notion公式サイト

[2] このページの[Notionを無料で入手]をクリックして、アカウントを作成していきます。

サインアップの画面に移行するので、好きな方法でアカウントを作成します。

サインアップ
勤務先のメールアドレス
メールアドレスを入力
メールアドレスでログインする
SAML SSOでログインすることもできます
Googleアカウントでログインする
Appleアカウントでログインする

サインアップ

[3] アカウントが作成できたら、「アイコン画像」「名前」「パスワード」の設定が求められるので、入力します(これらは後から変更可能です)。

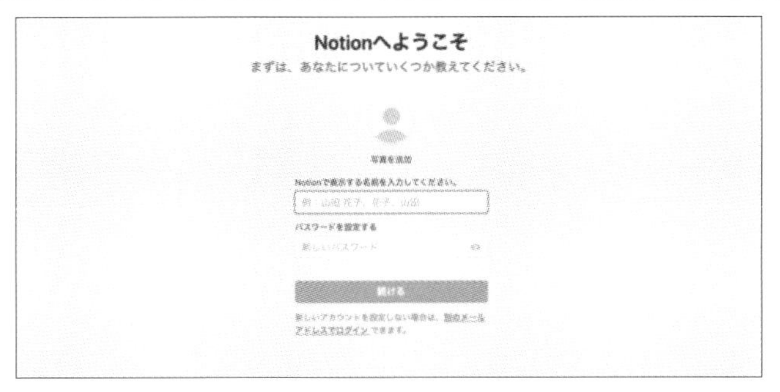

必要な情報を入力

＊

続いては、用途の選択です。

■用途の選択と初期設定

「チームで利用」「個人で利用」「学業・教育機関での利用」から選択できるようになっています。

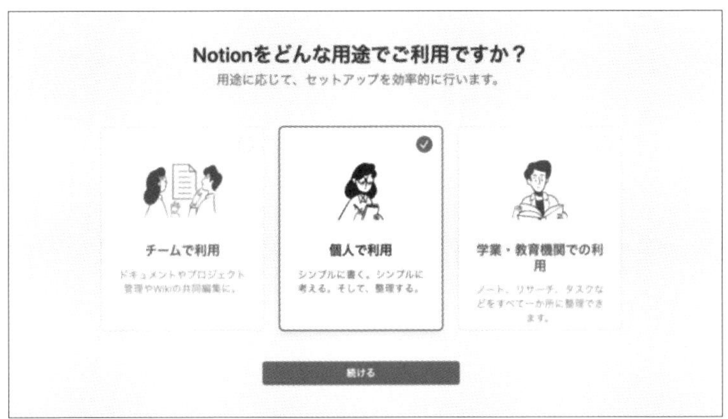

用途の選択

＊

学生であれば、無料で有料プランの一部を利用できるようになっているので、「学業・教育機関での利用」の選択をお勧めします。

「学業・教育機関での利用」の詳しい内容は以下の公式ページで説明されているので、参考にしてみてください。

Notion for education
https://www.notion.so/ja-jp/help/notion-for-education

「チームで利用」は複数人で「Notion」を利用する際に選択します。
今回は「個人利用」の設定で進めていきます。

*

用途選択ができると、アンケートの回答画面に移行します。

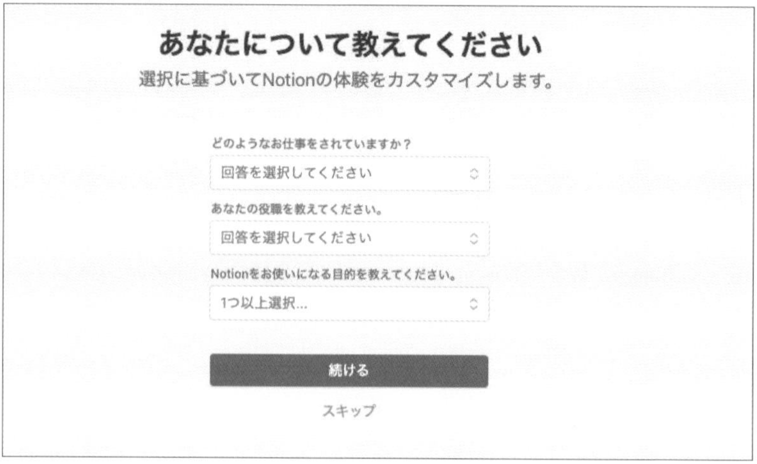

あなたについて教えてください
選択に基づいてNotionの体験をカスタマイズします。
どのようなお仕事をされていますか？
回答を選択してください
あなたの役職を教えてください。
回答を選択してください
Notionをお使いになる目的を教えてください。
1つ以上選択...
続ける
スキップ

アンケートの回答画面

このアンケートに答えると、回答に基づいて最適な初期設定をしてくれます。
具体的には、デフォルトで選択に合った「テンプレートページ」などを用意してくれます（特に必要ない場合はスキップもできます）。

*

これで設定は完了です。
次図のような「Notion」のページに移行できていれば成功です。

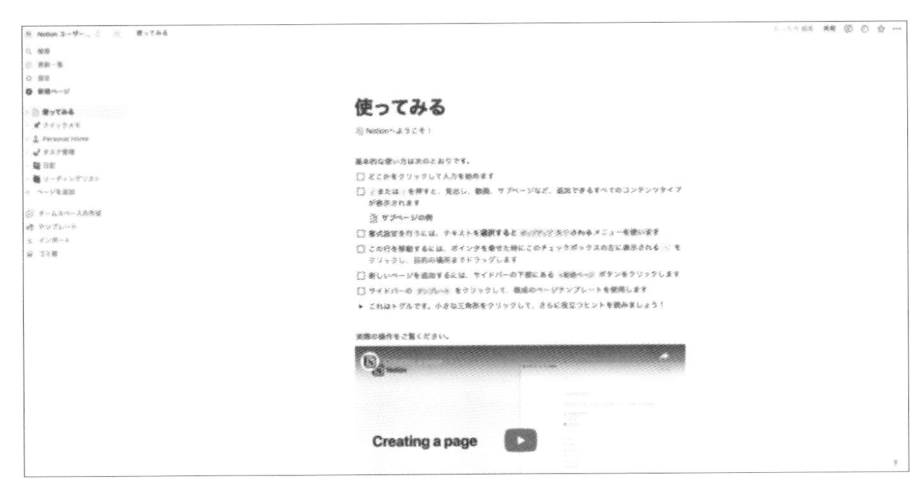

Notion トップページ

■デバイスごとのアプリもインストール可能

先ほどのアカウント作成の解説はブラウザから作る場合の説明でしたが、「Notion」では「OS」ごとにアプリも用意されています。

「Mac」や「Windows」のデスクトップアプリはこちら。

Notion for Mac & Windows https://www.notion.so/ja-jp/desktop

Mac や Windows のデスクトップアプリ

「iOS」「Android」のアプリは、こちらからダウンロードできます。

Notion for iOS & Android https://www.notion.so/ja-jp/mobile

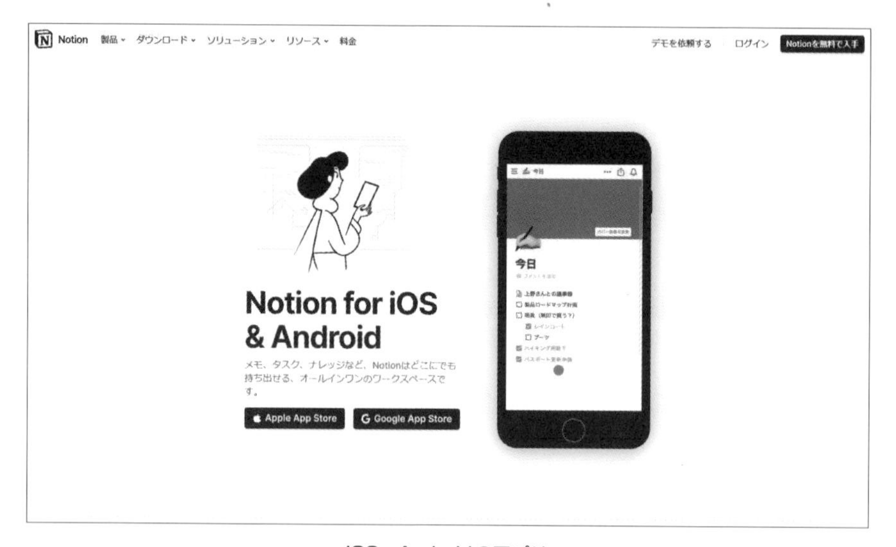

iOS、Androidのアプリ

もちろん作成済みのアカウントからログインして使用することもできます。アプリを使いたい方はインストールして利用してみてください。

1-3 「Notion」の全体構成

アカウントが作れたところで、実際に「Notion」の中身を紹介していきます。

■画面構成

まずは「画面構成」を説明します。

「Notion」の画面は大きく分けて2エリアに分かれています。

「Notion」の画面構成

＊

1つは画面左側にある「**サイドバー**」です。

ここでは、自分のアカウント(ワークスペース)が所有しているページの一覧が、ナビゲーションとして表示されています。

「ページ一覧」の他にも、「テンプレート」や削除済みのページがある「ゴミ箱」があり、各種設定も行なえるようになっています。

＊

もう1つは、画面中央にある「**ページ編集エリア**」です。
ここで表示されているページの編集ができるようになっています。
編集する画面は、「サイドバー」にある「ページ一覧」から変更可能です。

■ページの作成

続いては「ページの作成」についてです。

「Notion」では、ワークスペース内でページを複数作成できるようになっています。

次の画像の[新規ページ作成]から作成できます。

ページ作成

＊

作ったページは、「サイドバー」の「ページ一覧」に追加されていきます。

順番もドラッグ＆ドロップで入れ替え可能です。

さらに、画面右上の「星マーク」にチェックを入れることで、「お気に入りページ」に登録することができます。

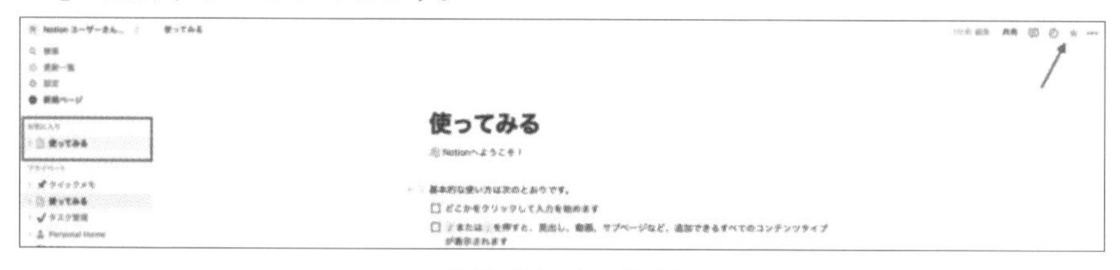

お気に入りページ登録

「サイドバー」の「お気に入り」に登録され、ページを探しやすくなります。

■ブロック

続いては「Notion」の「**ブロック**」についての説明です。

＊

「Notion」のページは、「ブロック」という単位で構成されています。

この「ブロック」には多くの種類があります。次の画像は「ブロック」の一部です。

ブロック(一部)

この他にも、「画像」や「動画」を埋め込むこともできます。

さらに、「ブロック」は、ドラッグ&ドロップで自由に位置を変更できます。

＊

これらのブロックは「/」と入力するか、ページ内の[＋]ボタンから表示できる「ブロック一覧」から選択できます。

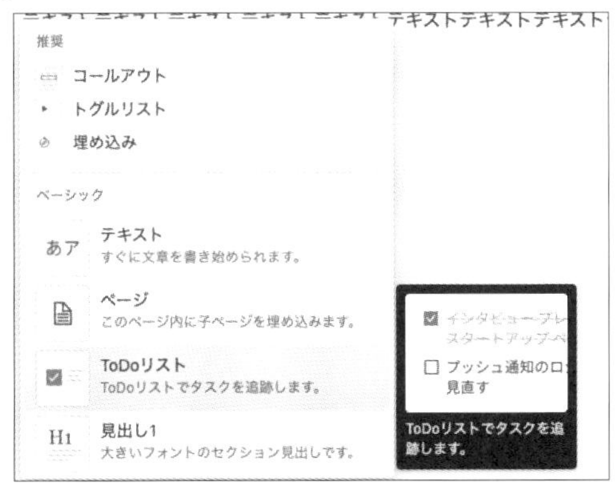

ブロック選択

さまざまな「ブロック」が用意されているので、ぜひ自身でどんなものがあるか探してみてください。

■データベース

先ほど紹介した「ブロック」の中に、「Notion」の最大の魅力とも言える「**データベース**」というものがあります。

「データベース」とは、決められた形式で整理された「データの集まり」のことです。
「Notion」では、その「データベース」を自由に設定することができ、あらゆる情報を管理することができます。

次図はその「データベース」を使って「家計簿」を作成した例です。

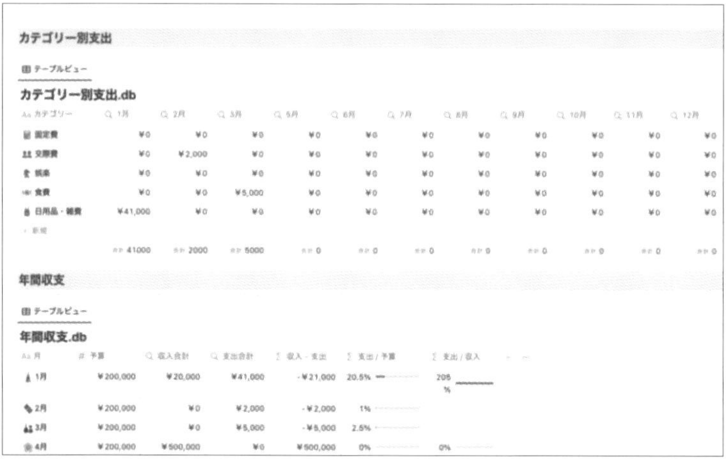

カテゴリー別支出

テーブルビュー

カテゴリー別支出.db

カテゴリー	1月	2月	3月	5月	6月	7月	8月	9月	10月	11月	12月
固定費	¥0	¥0	¥0	¥0	¥0	¥0	¥0	¥0	¥0	¥0	¥0
交際費	¥0	¥2,000	¥0	¥0	¥0	¥0	¥0	¥0	¥0	¥0	¥0
娯楽	¥0	¥0	¥0	¥0	¥0	¥0	¥0	¥0	¥0	¥0	¥0
食費	¥0	¥0	¥5,000	¥0	¥0	¥0	¥0	¥0	¥0	¥0	¥0
日用品・雑費	¥41,000	¥0	¥0	¥0	¥0	¥0	¥0	¥0	¥0	¥0	¥0
+ 新規											
	合計 41000	合計 2000	合計 5000	合計 0	合計 0	合計 0	合計 0	合計 0	合計 0	合計 0	合計 0

年間収支

テーブルビュー

年間収支.db

月	予算	収入合計	支出合計	収入 - 支出	支出 / 予算	支出 / 収入
1月	¥200,000	¥20,000	¥41,000	-¥21,000	20.5%	205%
2月	¥200,000	¥0	¥2,000	-¥2,000	1%	
3月	¥200,000	¥0	¥5,000	-¥5,000	2.5%	
4月	¥200,000	¥500,000	¥0	¥500,000	0%	0%

家計簿サンプル

月ごとの支出を記録し、固定費や交際費などのカテゴリ別の支出も「データベース」として管理しています。

「家計簿」の作成方法は、以下の記事で詳しく紹介しています。

【無料テンプレあり】Notionで収支を自動集計できる家計簿の作り方
https://ensei1375.com/notion-money-consolidate/

また、簡単な「家計簿」の作成方法を、本書の**9章**で紹介しています。
「家計簿」だけでなく、「タスクの管理」なども可能です(**11章**参照)。

*

「データベース」として管理することで、情報を整理でき、ほしい情報に簡単にアクセスできるようになったり、分析ができるようになります。

■ページの共有、公開

最後に紹介するのが、「**ページの共有、公開**」です。

「Notion」で作ったページは、「Notion」を利用していない方にも「Webページ」として公開できます。

画面右上の[共有]から[Webで公開]とすると、共有用のURLが発行されます。

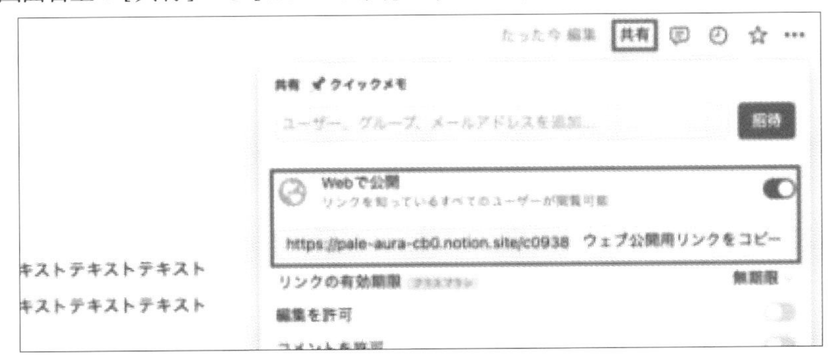

Webで公開

公開用リンクを受け取った方は、「Notion」で作成されたページを閲覧できるようになります。

設定次第で、コメントや編集ができたり、「テンプレート」として自分の「Notionワークスペース」に複製することもできます。

※詳しい設定方法は以下記事で紹介しています。
Notionでページを無料で共有・公開する方法【各種設定もあり】
https://ensei1375.com/notion-share/

*

さらに、「Notion」で作ったページを「ホームページ」として公開することもできます。

実際に、企業でも「Notion」のページを「Webページ」として公開しているところが多数あります。

コードを書かず、「ブロック」の操作だけで「Webページ」が作成できてしまうのです。

こちらは、「Notion公式ページ」でも詳しく紹介されています。

公開ページとウェブ上での公開 https://www.notion.so/ja-jp/help/public-pages-and-web-publishing

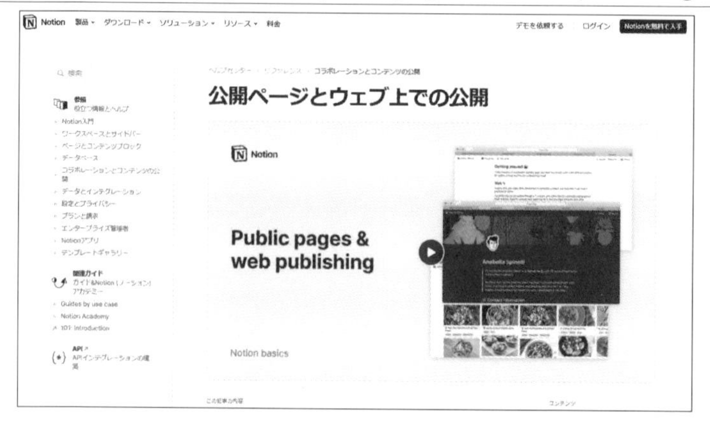

公式サイトでも解説されている

1-4 「Notion」を使って日々の情報を一元管理しよう

「Notion」を使うと、日々の考えや情報を整理・管理でき、必要なときに素早く手に入れることができます。

さらに操作がシンプルで直感的です。

とはいえ、文字で説明を読むよりも実際に使ってみる方が分かりやすいでしょう。

無料で利用できるので、ぜひ利用してみてください。

*

この章では「Notion」の概要を紹介してきましたが、具体的にどんなことができるのかということは**次章**で詳しく紹介しています。

第2章

「Notion」でできること

本章では、「Notion」でできることを紹介します。
本章を読めば、ストレスフリーで、仕事や生活の生産性を上げることができるようになるでしょう。

2-1 「Notion」でできること5選

この章では、「Notion」でできることを5つに絞って紹介していきます。

＊

このアプリのいちばんの魅力は、「**機能の豊富さ**」です。
「Notion」さえあれば、「仕事のタスク管理」や、「家計簿」「ちょっとしたメモ」などを、整理して保存することができます。

さらに「同一のアカウント」からログインすれば、「PC」でも「タブレット」でも「スマホ」からでも「Notion」を利用できるので、管理のしやすさが抜群です。

＊

私もこのアプリを使い始めてから、「第二の脳」として重宝しています。

「Notion」を使う前は、たくさんのアプリを入れて、その都度アプリを立ち上げ直していました。
また、やっている内容が重複していることもあり、不便に感じていました。

アプリはほぼ無限にあるので、このような方も多いのではないのでしょうか。
今日でそれも卒業してNotionユーザーになりましょう。

ここで紹介する「Notion」でできることは以下の通りです。

①メモ機能(階層ページ)
②家計簿
③タスク管理(ToDo-list)
④本リスト(Table ブロック)
⑤記事保存(アーカイブ機能)

それでは、さっそく1つずつ紹介していきます。

2-2 ①メモ機能(階層ページ)

まずは「メモ機能」についてです。

＊

「Notion」はページ構成になっており、ページごとに機能を実装したり情報を管理していきます。

実際の画面はこんな感じです。

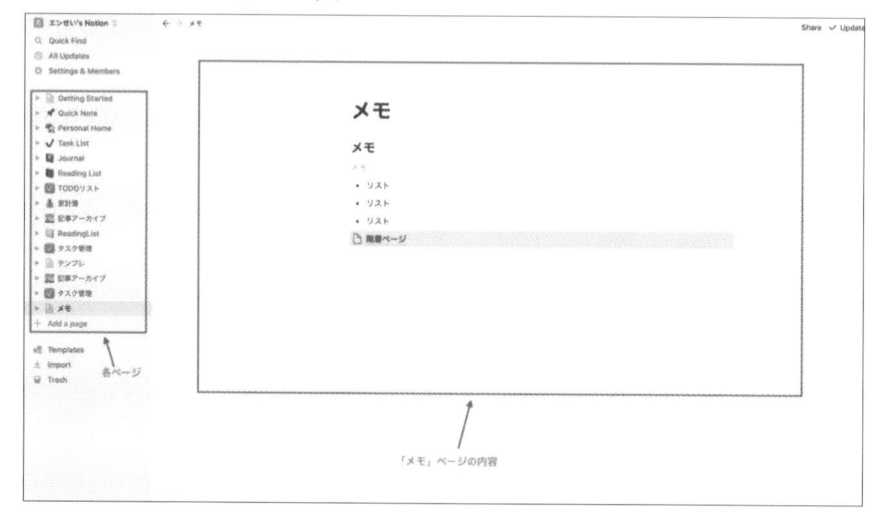

「メモ」ページの画面

ここでは「メモ」ページを作って実際に文字を入力しています。
会議などの議事録であったり、ちょっとしたメモなどにも最適です。

＊

メモを取るときの便利な機能として、「**文字装飾**」「**階層構造**」「**位置変更**」があります。

これらを使うと、さらに便利に使うことができます。

「文字装飾」は、装飾したい部分を範囲選択するとこのような画面が表示されるので、ここから希望する装飾を自由に選ぶことができます。

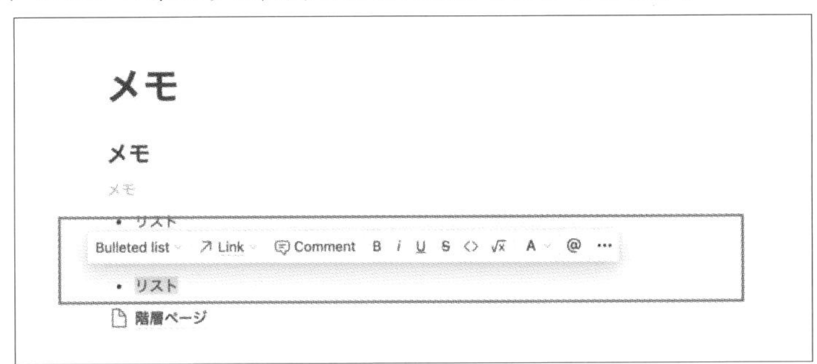

文字装飾

[B]で太文字、[i]でイタリック、[U]でアンダーラインなど、見やすくするための機能が詰まっているので使い勝手がいいです。

＊

「階層構造」の「操作」と「位置変更」は、以下のボタンからできます。

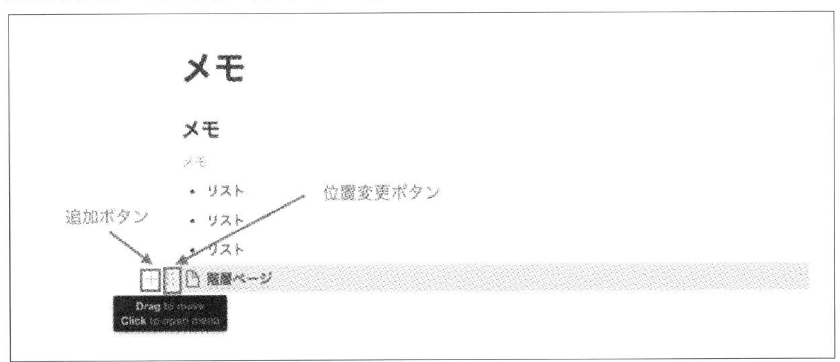

「位置変更ボタン」と「追加ボタン」

「位置変更ボタン」をドラッグすると、階層構造上のページ位置を自由に変更することが可能です。
わざわざ切り取ってペーストするという手間が省け、直感的に操作することができます。

「追加ボタン」をクリックすると、追加したいブロックを選択する画面が表示されます。
そこで[Page]を選択すると下層ページが出来上がります。
「メモ」ページの下の階層に新たにページが作成されます。

会議ごとに下層ページを作るなど、ページの追加を使うと、情報の整理がしやすいのでお勧めです。

*

他にも「追加ボタン」には、見出しのように文字を大きくする「Heading」ブロック、境界線を作る「Divider」ブロック、「list」ブロックなど、たくさんの機能があるので、皆さんもいろいろと試して「メモ帳」として活用してみてください。

2-3 ②家計簿

続いては「**家計簿**」の紹介です。

「Notion」を使った「家計簿」では、出費の入力はもちろん、買った種類によるカテゴリ分け、フィルター機能など、「どの期間にどのような出費をしたのか」の管理がとてもしやすいです。

＊

こちらが実際に「Notion」で作った「家計簿」です。

「Notion」で作った「家計簿」

詳しい作り方は、こちらの記事や本書の**9章**を参考にしてください。

【無料テンプレあり】Notionで収支を自動集計できる家計簿の作り方
https://ensei1375.com/notion-money-consolidate/

「Notion」で作る「家計簿」は、洗練されたシンプルなUIでとても使いやすいです。

また、自分に合うように項目や装飾も加えることができるのも「Notion」の魅力です。

2-4 ③タスク管理(ToDo-list)

次は「**タスク管理**」です。

日々の仕事のやることや、プライベートの予定など、タスクを整理した状態にしておくことは重要です。

「Notion」ならそれを実現できます。

次の画像は私が実際に使っている「ToDo-list」とほぼ同じデザインのものです。

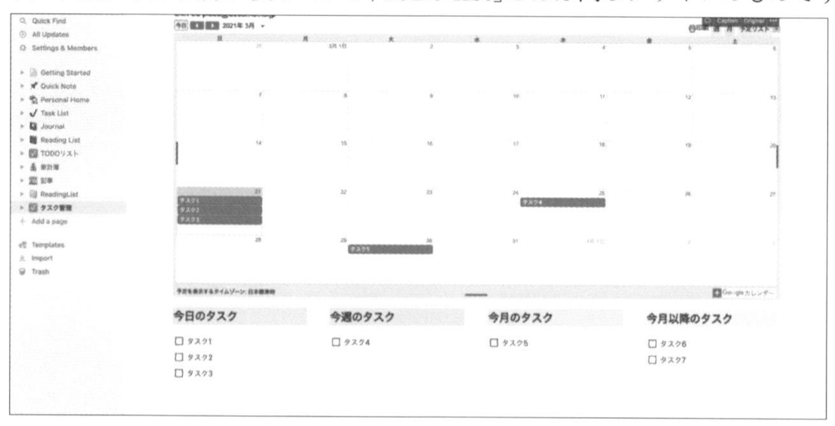

「Notion」で作った「ToDo-list」

それぞれタスクの種類によってカテゴリ分けし、「チェックボックス」でタスクが完了したらチェックを入れて可視化できるようにしています。

さらに、上部にGoogleカレンダーを埋め込むことで、1ヶ月の予定を把握しながらタスクを作ることができます。

これで私は、仕事のやり忘れやプライベートのやるべきことの漏れなどをなくすことができました。お勧めです。

詳しい作り方は本書の**11章**をどうぞ。

※Googleカレンダーを埋め込む方法は以下を参照
【便利】Notionにgoogleカレンダーを埋め込む方法
https://ensei1375.com/notion-google/

■「リンクドデータベース」で「タスク管理」をさらに充実させる

さらに、「Notion」では「タスク」をステータスごとに分類して表示させたり、「タイムライン表示」をさせることができます。

こちらは「**リンクドデータベース**」という機能を使っています。

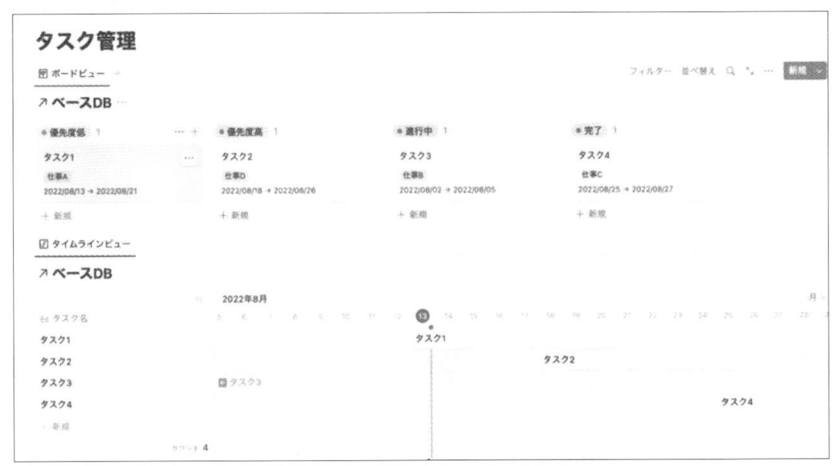

リンクドデータベース

「リンクドデータベース」でもっと細かくタスク管理をしてみたいという方は、こちらの記事を参考にしてください。

「Notion」の魅力が詰まったタスク管理方法になっています。

【Notion】リンクドデータベースで最強タスク管理を作成する方法【テンプレート配布】
https://ensei1375.com/notion-task-linked/

■繰り返しタスクも作成可能

「Notion」では繰り返し行なわれるタスクも効率よく管理することができます。

定期的に開かれる会議や、進捗報告、習慣管理などを行なう際に、「繰り返し設定」を行なうことで、自動でページを追加することができるのです。

※詳しくはこちらの記事で解説
Notion内で繰り返しタスクが可能に！設定方法・活用方法を紹介
https://ensei1375.com/notion-repetition/

■ボタンを追加してさらに効率的にタスク管理が可能

2023年3月下旬ごろのアップデートで大幅改善された「ボタン」ブロックを使うと、さらに効率よくタスクを管理できるようになります。

本書の**6章**で、アップデートされた「ボタン」ブロックについて解説しています。

2-5 ④本リスト(「テーブル」ブロック)

続いては「**本のリスト**」の紹介です。

＊

私は読書をよくするほうなのですが、読み終わった本の感想や、後で買おうかなと思った本を一括で管理したいと思い、リストを作ることにしました。

それがこちら。

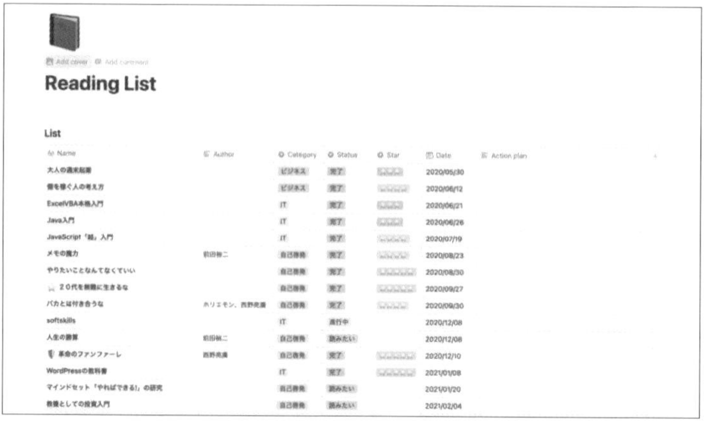

「Notion」で作った「本リスト」

私は以下のような項目を作って管理しています。

- 書名
- 著者名
- カテゴリ
- 読み終わったか、読んでる途中か、読みたいかの区分
- 自分なりの評価(⭐)
- 読み終わった日付
- 感想(具体的なAction plan)

＊

「Notion」の良いところは、自分の好きなようにカスタマイズできるところです。

自分に必要な項目を付け加えて、独自の「本リスト」を作ってみてください。

作り方は「テーブル」ブロックを使うので、先述の「家計簿」と手順はほぼ同じです。

■「ビュー」を変更することで見え方も変更できる

「本リスト」で使われる「テーブル」ブロックでは、「ビュー」といって見え方を変更することが可能です。

「ギャラリー・ビュー」を選択すれば、画像メインの見え方にも変更できます。

「ギャラリー・ビュー」で本のリストを作る方法は12章を、「ビュー」については4章を参考にしてください。

2-6 ⑤記事の保存(アーカイブ、ブックマーク機能)

最後は「**記事の保存**」です。

ネットなどでよく記事を見る方は、「この記事いいな、後でもう一回読み返したい」などと考えることがあると思います。

そんなとき、「Notion」では**次図**のように「記事タイトル」と「抜粋文」「アイキャッチ画像」まで一緒に表示して保存することができるのです。

後で見返すときも、見ただけで記事の概要を思い出すことができます。

「Notion」でネット記事などを保存する

私もこれでたくさんの参考になる記事を保存しています。

詳しい作り方は**10章**をどうぞ。

■「Save to Notion」でさらに効率よく記事保存ができる

さらにGoogleの拡張機能「Save to Notion」を使うと、「Notion」を開いてコピペなどをすることなく「ブックマーク」を作成できます。

「Save to Notion」で記事を保存

詳しい作成方法は、以下の記事を見てください。

【Notion】ブックマーク管理ができる便利拡張機能「Save to Notion」の使い方 https://ensei1375.com/savetonotion/

*

いかがでしょうか。「Notion」の魅力が伝わっていれば幸いです。

ここでは紹介しきれなかった魅力もたくさんあるので、読者の皆さんも実際に使ってみて「Notion」の魅力を探してみてください。

皆さんの仕事、生活の生産性が上がることを願っています。

第3章

「テンプレート」の違いと活用

本章では、「Notionで使われるテンプレートの違いが分からない」「Notionのテンプレートを使いこなしたい」といった悩みや要望を解決します。

3-1 「テンプレート」は3種類

「Notion」は「タスク管理」や「スケジュール管理」に便利な機能が豊富に備わっているサービスですが、それゆえにどんな機能があるのが把握するのは、けっこう難しいです。

本章で紹介する「テンプレート」も、「Notion」では3種類の意味があります。

最近のアップデートで追加された「**データベース・テンプレート**」を含め、「**テンプレート・ボタン**」「**Notion公式ページ・テンプレート**」。

これらの3種類の「違い」や「活用事例」を分かりやすく紹介するので、ぜひ参考にしてください。

3-2 テンプレート・ボタン

まずは「テンプレート・ボタン」についてです。

こちらは分かりやすく言うと、“**テンプレートとして生成させたいブロックを生成させるボタン**”です。

■家計簿を「テンプレート・ボタン」で作る

たとえば、「Notion」で月々の家計簿をテーブルで作って管理しているとします。

「Notion」だと、データベースとして、次の画像のように家計簿を作れます。

2022年9月

Default view　固定費　食費　交際費　娯楽　日用品　+

Name	Category	Date	Much
トマトジュース	食費	2022/09/09	¥386
昼飯	食費	2022/09/09	¥880
昼タイ料理	食費	2022/09/08	¥1,000
水	食費	2022/09/08	¥148
炭酸水	食費	2022/09/07	¥116
昼	食費	2022/09/07	¥455
千里眼	食費	2022/09/06	¥640
コーヒーお菓子	食費	2022/09/06	¥218
やよい軒昼	食費	2022/09/06	¥720

家計簿サンプル

※家計簿の詳しい作成方法は9章を参考にしてください

月々の家計簿を作る必要があるので、同じ内容の「データベーステーブル」を毎月作る必要があります。

しかし、「テーブルを作って、プロパティを設定して…」などの作業はけっこう時間がかかりますし、同じような作業は極力避けたいものです。

それを解決してくれるのが、「テンプレート・ボタン」です。

＊

こちらが、実際に僕が「Notion」で使用している「テンプレート・ボタン」と、それをクリックしたあとに作られる「家計簿テンプレート」です。

テンプレート・ボタン

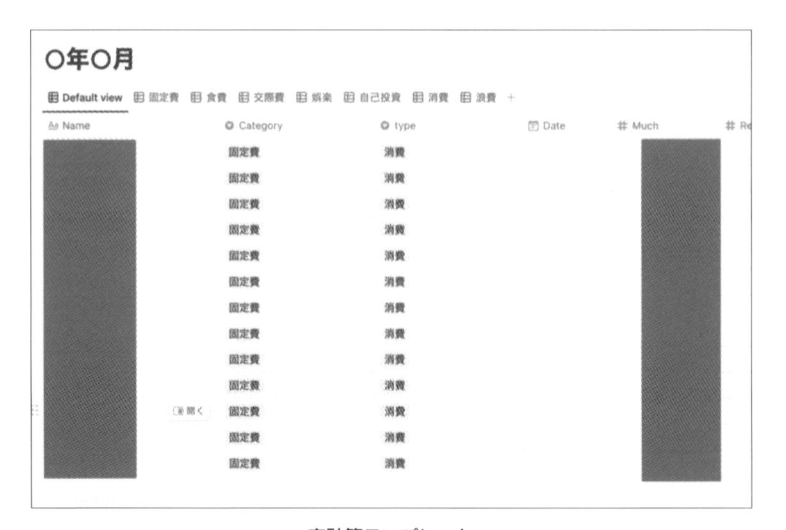

家計簿テンプレート

これで、毎月「テンプレート・ボタン」をクリックするだけで、その月の家計簿を作ることができます。

ちなみに、私の「家計簿テンプレート」は、月々かかる固定費は先に登録しておいて、毎月入力する手間を省いています。地味に便利です。

■ブロックならなんでもテンプレートとして登録できる

「テンプレート・ボタン」ではデータベースだけでなく、ブロックならば何でもテンプレートとして設定できるので、用途に合わせて自由に作ることができます。

「同じようなブロックを作っているな」と思い当たる節がある人は、ぜひ取り入れてみてください。

また、2023年3月下旬のアップデートで、今回紹介したテンプレート・ボタンの機能が大幅アップデートされました。

ブロック追加機能に加えて、「ページ追加・編集」「データベース内のプロパティ更新」などが、ボタン1クリックでできるようになりました。

詳しくは**6章**で解説しているので、ぜひ参考にしてみてください。

かなりの作業効率アップが期待できる内容になっています。

3-3 データベース・テンプレート

続いては「データベース・テンプレート」です。

「データベース・テンプレート」は、データベース内で追加する情報(カラム)に対してテンプレとなる情報を入れておける、というものです。

■進捗(しんちょく)報告を「データベース・テンプレート」で作る

今回は例として、進捗報告を「データベース・テンプレート」で作りたいと思います。

●新規データベース作成

まずは、進捗報告の新規ページを作り、そこに「進捗DB」データベースを追加します。

進捗報告

リストビュー

進捗DB

+ 新規

進捗報告サンプル・データベース

今はまだ何も設定をしていないので、データベース内で新規追加をしても、まっさらなカラムが追加されるだけです。

●「データベース・テンプレート」の作成

会社などでの進捗報告では、主に伝える項目は決まっているかと思います。

たとえば、こんな感じ。

・進捗内容

・課題

・FB

なので「テンプレート」を作って、こちらの項目を「見出し」としてあらかじめ表示しておきます。

手　順　「テンプレート」の作成

[1] まずは右上の[新規]の右側のボタンをクリックします。
すると[新規テンプレート]があるので、そちらをクリックします。

［新規］の右側のボタンをクリックして［新規テンプレート］をクリック

[2] この画面が「テンプレート」の編集画面です。
こちらに記載した内容が、新規に追加された際に「テンプレート」として表示されるようになります。

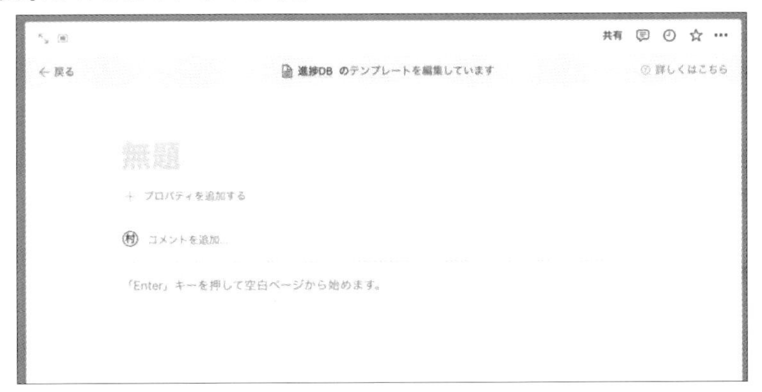

テンプレートの編集画面

[3] 先ほどの進捗報告会で伝える項目を「見出し」として追加してみます。

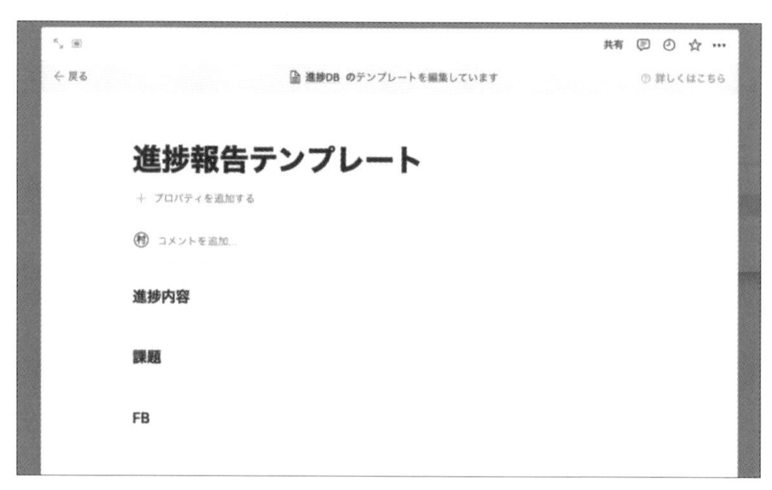

「見出し」を追加

このように、「見出し」として「進捗内容」「課題」「FB」を追加しました。

＊

これでテンプレートの作成は終了なので、左上の「戻る」からデータベースに戻ります。

●テンプレートから「新規追加」してみる

それでは、先ほど作ったテンプレートから「新規カラム」を追加してみましょう。

＊

先ほど同じように新規追加しようとすると、[進捗報告テンプレート]という項目が追加されています。

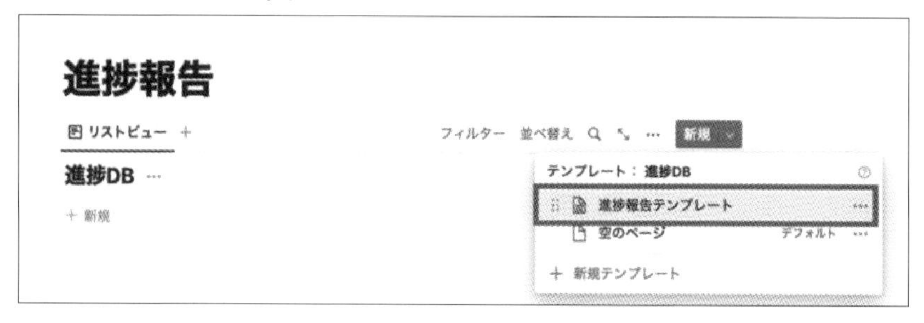

項目が追加されている

そちらをクリックすると、**次図**のように先ほど作った「見出し」の入ったものが表示されています。

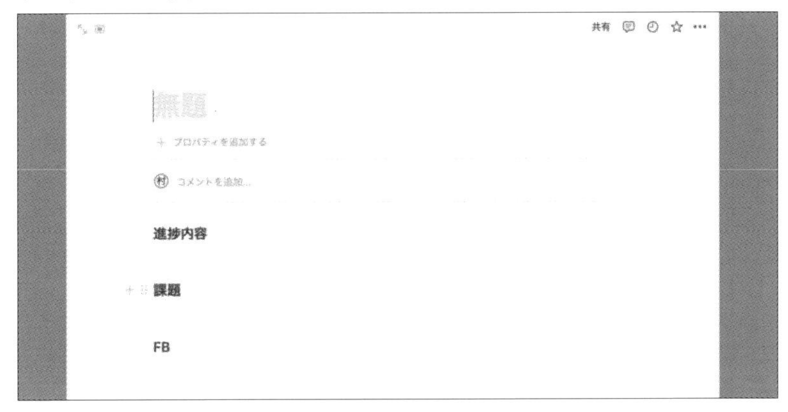

テンプレート利用時の新規カラム

＊

あらかじめ決まった内容を「テンプレート」として保存としておくと、入力する手間も省けますし、書き方の統一もできて、情報整理として良い効果が出ること間違いなしです。

データベース内の同じ作業をしていた方は、ぜひ参考にしてみてください。

●「データベース・テンプレート」の中で「テンプレート・ボタン」も活用できる

今まで「データベース・テンプレート」を説明してきましたが、「データベース・テンプレート」内で最初に説明した、「テンプレート・ボタン」も活用できます。

＊

例として、こんな感じに「チームごとの進捗を報告する」場合を考えます。

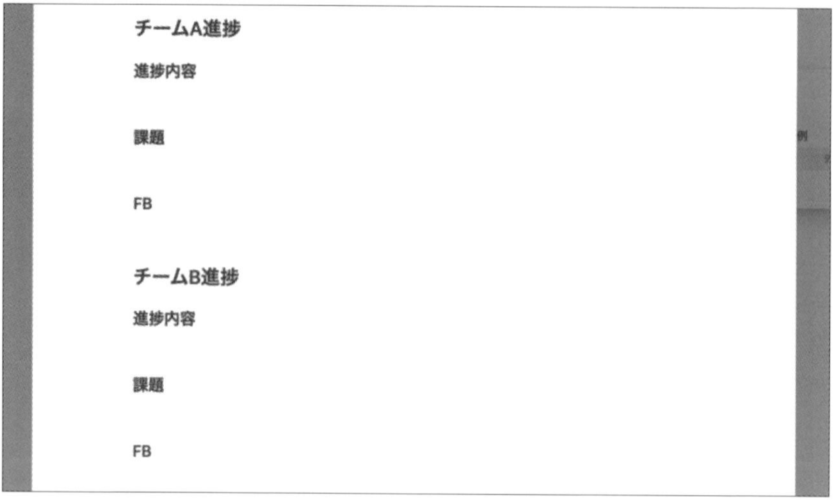

チームA進捗

進捗内容

課題

FB

チームB進捗

進捗内容

課題

FB

チームごとに進捗報告

この場合は、「データベース・テンプレート」に全チームのテンプレートをあらかじめ書いておいてもいいでしょう。

しかし、どのチームが報告するか決まってない場合などは、最初から全チームのテンプレートが入っていると、邪魔になります。

そんなときは、最初に紹介した「テンプレート・ボタン」を活用します。

「データベース・テンプレート」と「テンプレート・ボタン」を組み合わせることで、さらに効率を上げることができます。

3-4 Notion公式ページ・テンプレート

最後は「Notion公式ページ・テンプレート」です。

＊

こちらは、Notionの公式が提供している「テンプレートページ」を自分のワーク・スペース内に複製できます。

■Notion公式が提供しているテンプレート

場所は、画面左下の[テンプレート]というところ。

ここから、「テンプレート一覧」に遷移できます。

[テンプレート]から、「テンプレート一覧」に遷移できる

公式が提供しているテンプレートは、「エンジニア」向けや「パーソナル」向けなど、カテゴリごとにお勧めのテンプレートをまとめてくれています。

「人事」や「マーケ」などのカテゴリもありました。

＊

企業でも、最近は取り入れられはじめているので、これらのテンプレートは便利ですね。

■自分の「ワークスペース」に複製する

気に入ったテンプレートがあれば、右上の[このテンプレートを使用する]をクリックすると、自分のワークスペースに複製されます。

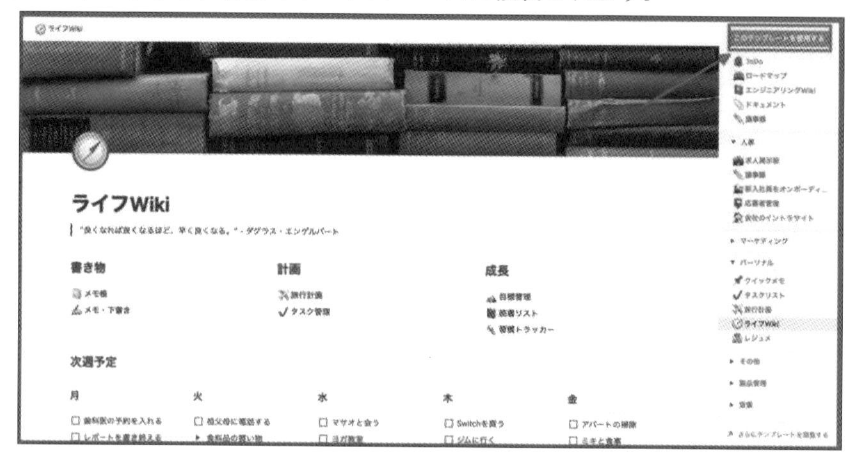

公式テンプレートを使う

複製されたあとは自分好みにカスタマイズできるので、自由に編集可能です。

＊

「Notion」を最近使いはじめた人などにとっては、手っ取り早く利用することができるので、いいかもしれません。

長く使っている方も、どんなものがあるか覗いてみるのもいいでしょう。

私も参考にできるデータベースの使い方があって、たまに見て参考にしています。

3-5 「テンプレート」で作業効率は大幅に向上する

「Notion」で実装されている3種類の「テンプレート」について、ざっくりと理解できたと思います。

以下に、テンプレートごとの使い時をまとめたので、参考にしてみてください。

テンプレートごとの使い時

テンプレート名	使い時
テンプレート・ボタン	ブロック単位で同じ作業を繰り返しているとき
データベース・テンプレート	データベース内で同じ作業を繰り返しているとき
Notion公式ページ・テンプレート	手っ取り早く「Notion」を活用したいとき 自分でデータベースなど作るのが面倒なとき

＊

テンプレートは、同じ作業を極力減らしてくれる、素晴らしい機能です。

使いこなせれば、今までの作業効率を大幅に向上させることができるので、ぜひ試してみてください。

第4章

6種類の「ビュー」の基本と使い分け

本章では、「Notion」のデータベースで設定できる6種類の「ビュー」について、その違いや、効率的な使い分けについて解説します。

4-1 「ビュー」とは

ここでは、「Notion」の「ビュー」について解説します。

「ビュー」とは、簡単に言うと、“Notion内で作った「データベース」の表示方法”のことです。

この「ビュー」を用途に合わせて切り替えることができるのが、「Notion」の魅力でもあります。

ただし、「ビュー」は全部で6種類もあります。

どんな「ビュー」があって、それぞれの「ビュー」をどんなときに使ったらいいのか迷う方もいるでしょう。

*

そこで本章では、6種類の「ビュー」の解説と、どんなときに使うのがより効率的、かつ使いやすいかを紹介していきます。

「ビュー」の使い分けをまだやったことがない方は、ぜひ参考にしてみてください。

4-2 「データベース」の「ビュー」は6種類

この章で紹介する6つの「ビュー」は、こちらになります。

①テーブル・ビュー
②ボード・ビュー
③タイムライン・ビュー
④ギャラリー・ビュー
⑤リスト・ビュー
⑥カレンダー・ビュー

これから、それぞれの「ビュー」について、詳しく解説していきます。

4-3 ①テーブル・ビュー

まずは、基本でもある「テーブル・ビュー」からです。

＊

こんな感じの見た目です。

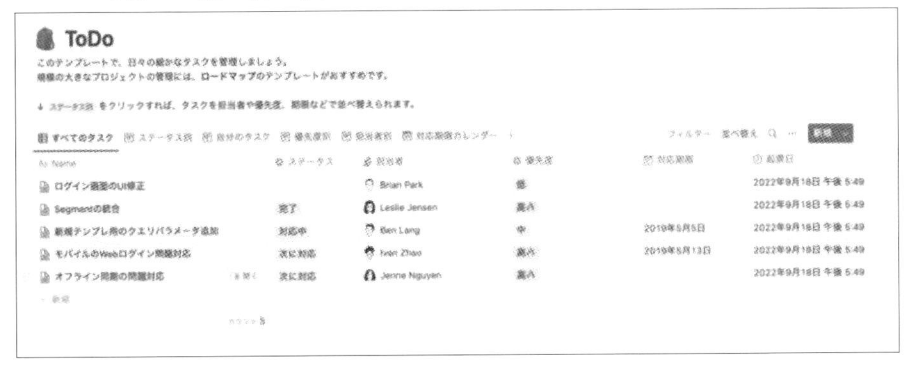

テーブル・ビュー

こちらは、「タスク管理」のサンプルです。

ちなみにこれは、「Notion」が公式で用意している「テンプレート」から複製してきました。

他にも「テンプレート」はたくさんありますし、「テンプレート」についても詳しく知りたい方は、3章も参考にしてみてください。

■シンプルな表形式で一覧表示できる「テーブル・ビュー」

「テーブル・ビュー」を見てもらうと分かるとおり、設定した「プロパティ」を一覧で確認できる表となっています。

Googleの「スプレッドシート」をイメージしてもらうといいでしょう。

＊

私が「テーブル・ビュー」を使っている例としては、「家計簿」が挙げられます。

いつ、どんなものに、いくら使ったのか、ということを視覚的に分かりやすく管理できます。

> ※9章に、「テーブル・ビュー」で「家計簿」を作る方法をまとめているので、ぜひ参考にしてください。

4-4 ②ボード・ビュー

続いては、「**ボード・ビュー**」になります。

こちらは、「プロパティ」をグループ化して、グループごとに表示させる方法です。

＊

先ほどの「タスク管理」を、「ステータス別」に表示させたものが、**次図**です

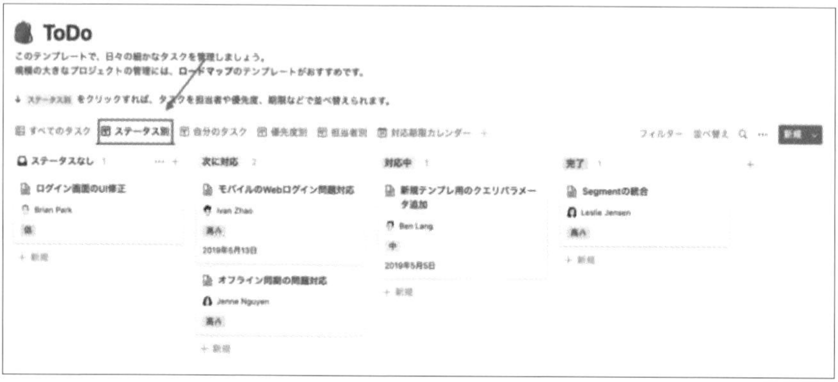

ボード・ビュー

こちらの「タスク管理」では、ステータスを「**次に対応**」「**対応中**」「**完了**」に分けており、「ボード・ビュー」で「ステータス・プロパティ」をグループ化する設定を行なうと、**図**のように表示されます。

こうすると、タスクごとの「ステータス」を一目で確認できます。

「ステータス」以外にも「担当者別」「タスクのカテゴリ別」にも表示可能なので、用途に合わせて柔軟にカスタマイズができます。

■「タスク管理」に適している「ボード・ビュー」

私も「タスク管理」や「ブログ記事の管理」にこの「ボード・ビュー」を利用しています。

「ボード・ビュー」内でドラッグ＆ドロップすることで移動もできるので、個人的にかなりお勧めです。

> ※この「ボード・ビュー」を使ったタスク管理の方法は、以下の記事で詳しく紹介しているので気になった方は参考にしてみてください。
> 【Notion】リンクドデータベースで最強タスク管理を作成する方法【テンプレート配布】
> https://ensei1375.com/notion-task-linked/

4-5　③タイムライン・ビュー

「タイムライン・ビュー」は、「データベース」に登録した情報を「時系列」に整理し、視覚的に分かりやすく表示する方法です。

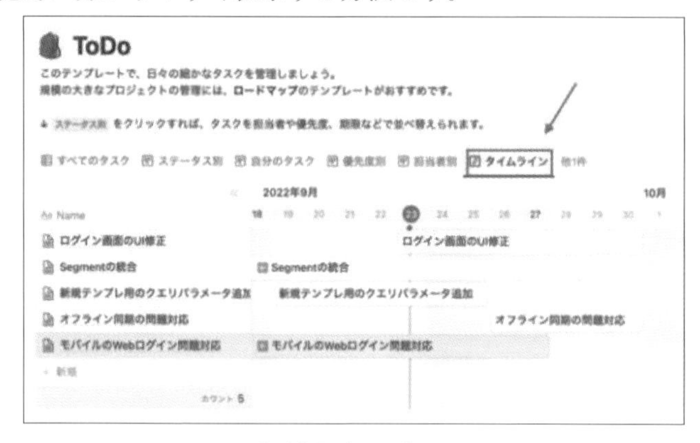

タイムライン・ビュー

こちらはタスクの「開始日」と「終了日」を「プロパティ」で設定して、それをもとに「タイムライン形式」で表示させています。

「タスクごとの期限」や「いつから着手するか」ということを直感的に理解できます。

＊

私は「タスク管理」を先ほどの②「ボード・ビュー」と③「タイムライン・ビュー」を併用して使っています。

■１つの「データベース」で「ビュー」を複数作って切り替えることもできる

先ほどからサンプルとして紹介している「タスク管理」ですが、データベース上のタブで「ビュー」を切り替えています。

「Notion」では、同じ「データベース」で異なる「ビュー」を複数作って切り替えることができるのです。

※「ビュー」の切り替えについては、以下の記事を参照してください。
https://ensei1375.com/notion-view/

4-6 ④ギャラリー・ビュー

続いては「ギャラリー・ビュー」です。

＊

こちらは画像がある「データベース」を視覚的に表示させる方法です。

ギャラリー・ビュー

こちらは、「チーム名簿」のデータベースを「ギャラリー・ビュー」で表示しています。

このように、チームのメンバーの顔が画像として確認できるので、分かりやすいです。

さらに「読書リスト」や「レシピリスト」など視覚的に分かりやすい「データベース」を作りたいときに、「ギャラリー・ビュー」の良さが発揮されます。

＊

こちらは「読書リスト」を「ギャラリー・ビュー」を使って作ったものです。

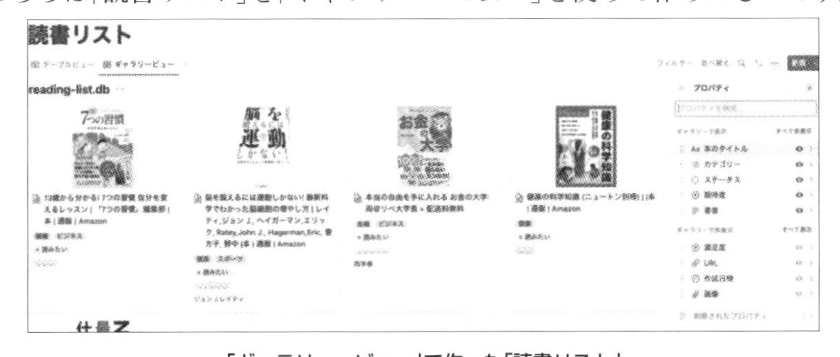

「ギャラリー・ビュー」で作った「読書リスト」

■①「テーブル・ビュー」と④「ギャラリー・ビュー」を比べてみる

試しに先述の「チーム名簿」のデータベースを、「テーブル・ビュー」として表示させてみます。

「ギャラリー・ビュー」を「テーブル・ビュー」に変える

伝わる情報に違いが生まれることが、分かっていただけたと思います。

＊

私の場合は、「ギャラリー・ビュー」は読みたい本のリストなどに利用しており、画像を使う場合は検討してもよさそうです。

画像を使って視覚的に表示させたい場合は、「ギャラリー・ビュー」を使ってみましょう。

4-7 ⑤リスト・ビュー

続いては「**リスト・ビュー**」です。

＊

こちらは今までの「ビュー」に比べてシンプルな見た目になっています。

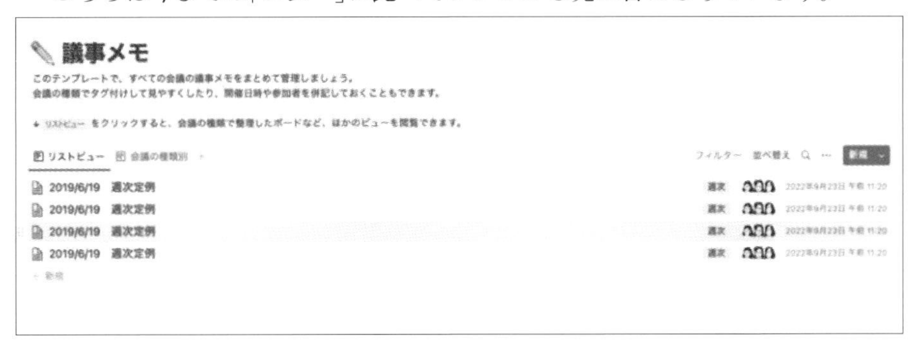

リスト・ビュー

1つ1つのアイテムは、ページとして開くことができ、その中に好きなだけ情報を入れることができます。

「メモ」や「議事録」など、各アイテムの中身に情報を入れて保存させたい場合に、便利です。

私も、日々の「メモ」などを「リスト・ビュー」を使って保存しています。

■「議事録」に便利な「テンプレート」機能

「議事録」や決まった「メモ」を残す場合の便利な「テンプレート」機能を使うと、繰り返し作業を省くことができます(2章を参照)

4-8　⑥カレンダー・ビュー

最後は、「カレンダー・ビュー」です。

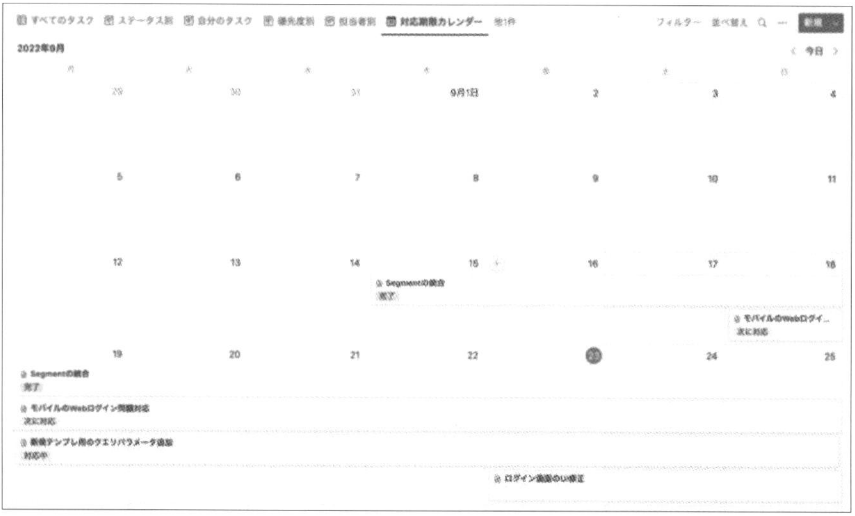

カレンダー・ビュー

こちらは「カレンダー」の中身に日付ごとに表示されるようになっています。

＊

私は、正直⑥「カレンダー・ビュー」よりも③「タイムライン・ビュー」のほうが使いやすいため、あまり使ったことがありません。

これも好みだと思うので、「カレンダー表示」のほうが使いやすいと感じた方は、ぜひ試してみてください。

■「Googleカレンダー」を埋め込むことができる

「スケジュール管理」などは「Googleカレンダー」にしている方もいると思います。

「Googleカレンダー」は、Notion内に埋め込むことができます。

「Googleカレンダー」を埋め込む

図のように、「Googleカレンダー」を埋め込むことで、Notion内で「スケジュール」を確認することができます。

注意が必要な点としては、「同期」ではなく「埋め込み」だということです。

「同期」ではないので、「Googleカレンダー」からの変更は反映されますが、「Notion」からは編集できません。

4-9 用途に合わせて「ビュー」を使い分けよう

本章で紹介した「ビュー」について振り返ってみます。

「ビュー」の一覧

「ビュー」の名前	概　要	使い所
テーブル・ビュー	基本的な「ビュー」。 表示させたい情報が多いときに便利。	タスク管理
ボード・ビュー	プロパティごとにグループ化できる。	ステータス別、カテゴリ別のタスク管理
タイムライン・ビュー	時系列ごとに表示できる。	時系列別のタスク管理
ギャラリー・ビュー	画像をもつ「データベース」を視覚的に表示。	メンバー名簿 レシピリスト
リスト・ビュー	アイテム内に情報を入れていく。 「プロパティ」をあまり必要としないときに便利。	メモ、議事録
カレンダー・ビュー	カレンダー表示。 スケジュール管理に便利。	タスク管理 スケジュール管理

＊

1つの「データベース」から表示方法を切り替えて管理できるのは、「Notion」の大きな魅力の1つです。

ぜひ、ここで紹介した6つの「ビュー」を、用途に合わせて使い分けてみてください。

第5章

「サブアイテム」の使い方

本章では、「Notion」に新たに追加された「サブアイテム」機能について、「どういった役割があるのか」「どんなときに使えばいいのか」を分かりやすく解説します。

5-1 「リレーション」機能なしで「親子タスク」

今まで「親子タスク」を「リレーション」機能を使って自作していた方もいると思うのですが、「**サブアイテム**」でそれが簡単にできるようになりました。

なおかつ、視覚的に分かりやすく管理できるようになっているので、ぜひ参考にしてみてください。

本章で、サンプルで作った「タスク管理データベース」も、以下から複製できるので、ご自身の「Notion」でもお試しください。

サブアイテムサンプル after https://profuse-atom-c1f.notion.site/after-b5841ce9a4ed4ddcb7220789fac88b12

5-2 新機能「サブアイテム」とは

「サブアイテム」を使うことで、「Notion」で今までしていた「タスク管理」に「サブタスク」を追加できるようになりました。

それによって、「タスク管理」をより細かくできるようになります。

*

「サブアイテム」がどのようなものか、以下の画像をご覧ください。

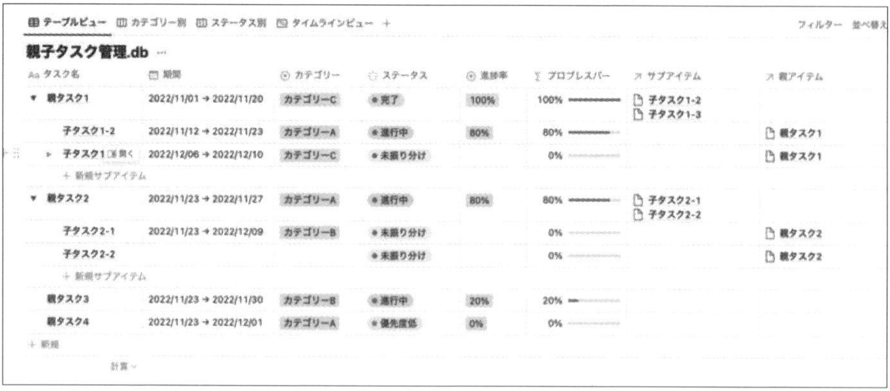

テーブルビュー　カテゴリー別　ステータス別　タイムラインビュー　+　フィルター　並べ替え

親子タスク管理.db

タスク名	期間	カテゴリー	ステータス	進捗率	プログレスバー	サブアイテム	親アイテム
▼ 親タスク1	2022/11/01 → 2022/11/20	カテゴリーC	完了	100%	100%	子タスク1-2 子タスク1-3	
子タスク1-2	2022/11/12 → 2022/11/23	カテゴリーA	進行中	80%	80%		親タスク1
▸ 子タスク1 開く	2022/12/06 → 2022/12/10	カテゴリーC	未振り分け		0%		親タスク1
+ 新規サブアイテム							
▼ 親タスク2	2022/11/23 → 2022/11/27	カテゴリーA	進行中	80%	80%	子タスク2-1 子タスク2-2	
子タスク2-1	2022/11/23 → 2022/12/09	カテゴリーB	未振り分け		0%		親タスク2
子タスク2-2			未振り分け		0%		親タスク2
+ 新規サブアイテム							
親タスク3	2022/11/23 → 2022/11/30	カテゴリーB	進行中	20%	20%		
親タスク4	2022/11/23 → 2022/12/01	カテゴリーA	優先度低	0%	0%		
+ 新規							
計算							

サブアイテム

画像のようにいくつかのアイテムが1階層ズレて表示されているのが分かると思います。

このズレているアイテムが、「サブアイテム」になります。

■「サブアイテム」のメリット

メリットとしては、まず、「▼」マークで「サブアイテム」の「表示/非表示」を切り替えることが可能になっています。

「タスク管理」をしていると、どうしてもタスク数が多くなって「データベース」が縦長になってしまいがちです。

そんなときに、この「サブアイテム」を使うと、関連するタスクを1つにまとめることができます。

また、状況によって「表示」と「非表示」を切り替えることができるので、見た目をスッキリさせることができます。

＊

さらに、「サブアイテム」を追加すると、新たに「プロパティ」が2つ追加されます。

それぞれ、選ばれた「サブアイテム」と「親アイテム」を表示させることができるようになっています。

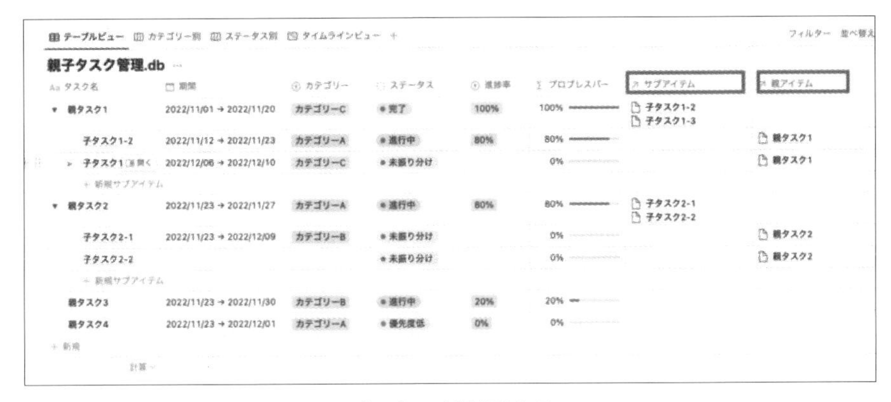

プロパティが追加される

どのタスクが関連しているのか、一目で理解できます。

■今までは「リレーション」機能を使って擬似的に親子関係タスクを実現させていた

これまでは、データベース間を関連づける「リレーション」機能で親子関係のタスクを表現させていました。

私のブログで記事としても紹介しています。

https://ensei1375.com/notion-taskrelation/

私も以前は、この方法で「タスク管理」を行なっていました。

しかし、今回の「サブアイテム機能」と比較すると、圧倒的に「サブアイテム機能」のほうをお勧めします。

見た目でも分かりやすく、作成方法も楽なので、「リレーション」を使っていた方はぜひ、この機会に「サブアイテム」を使ってみてください。

次節から、実際に「サブアイテム」を使った親子関係の「タスク管理」を作っていきます。

5-3 「サブアイテム」で親子関係のタスク管理をする

ここからは実際に、「サブアイテム」を使って親子関係の「タスク管理データベース」を作成していきます。

*

ベースとなるデータベースは、前述の記事で「リレーション」を使った「タスク管理」で作ったものを使います。

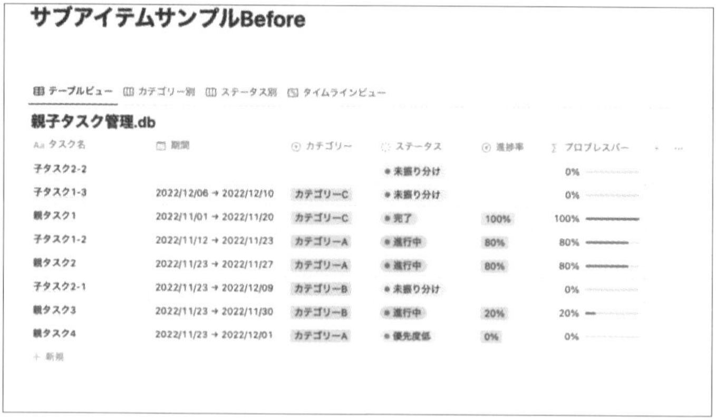

サブアイテムサンプルBefore

テーブルビュー　カテゴリー別　ステータス別　タイムラインビュー

親子タスク管理.db

タスク名	期間	カテゴリー	ステータス	進捗率	プログレスバー
子タスク2-2			未振り分け		0%
子タスク1-3	2022/12/06 → 2022/12/10	カテゴリーC	未振り分け		0%
親タスク1	2022/11/01 → 2022/11/20	カテゴリーC	完了	100%	100%
子タスク1-2	2022/11/12 → 2022/11/23	カテゴリーA	進行中	80%	80%
親タスク2	2022/11/23 → 2022/11/27	カテゴリーA	進行中	80%	80%
子タスク2-1	2022/11/23 → 2022/12/09	カテゴリーB	未振り分け		0%
親タスク3	2022/11/23 → 2022/11/30	カテゴリーB	進行中	20%	20%
親タスク4	2022/11/23 → 2022/12/01	カテゴリーA	優先度低	0%	0%

+ 新規

タスク管理データベース

「テンプレート」として用意しているので、こちらから複製して一緒に作ってみましょう。

サブアイテムサンプルbefore
https://profuse-atom-c1f.notion.site/before-dcc03b5f8f0046d5b7f1d91d798aca10

*

この「データベース」は、「タスク管理」をするにあたって必要なものがよく揃っています。

※進捗率のところは「プログレスバー」を簡単に表示させるために関数を用いています。
　気になる方はこちらの記事も参考にしてみてください。
【2022年8月最新】Notionでプロジェクトの進捗をプログレスバーで表示させる方法
https://ensei1375.com/notion-subitem/

■[ビューのオプション]から[サブアイテム]を選択

まずは、データベース右上の[･･･]をクリックして、[ビューのオプション]を開きます。

すると、[サブアイテム]が表示されているので、それを選択します。

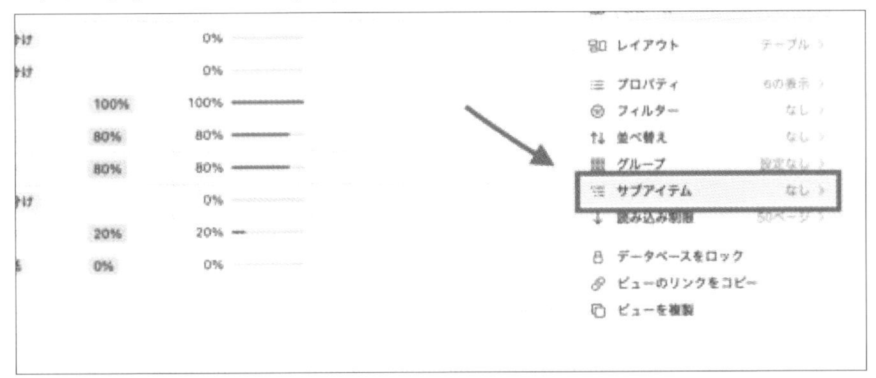

[ビューのオプション]を開いて[サブアイテム]を選択

＊

出ていないほうは、「ビュー」が「テーブル・ビュー」になっていることを確認してください。

今回の「サブアイテム」機能は、「テーブル・ビュー」「タイムライン・ビュー」のみで使用できるので、その他の「ビュー」では表示されません。

■名前の変更

[サブアイテム]をクリックすると、[名前の変更(任意)]という画面に遷移します。

名前の変更

こちらの名前は、新しく追加される「プロパティ」のタイトルになるので、お好みで変えてください。

変更したら、[作成]をクリックします。

■「子タスク」を追加してみる

作成し終えると、「データベース」に先ほどつけた名前の「プロパティ」が2つ追加されているはずです。

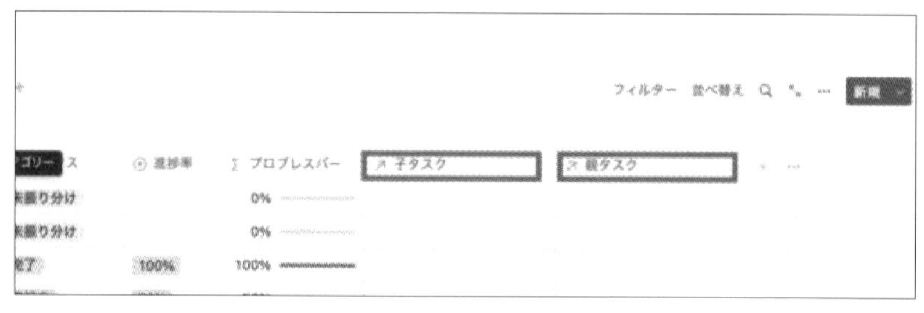

「サブアイテム」の作成後

各アイテムにマウスをもっていくと、「▼」マークが表示されるようにもなっています。

「▼」マークをクリックすると、1階層ズレたところに新規の「サブアイテム」が追加されます。

試しに「親タスク4」に、サブアイテム「子タスク4-1」を追加しました。

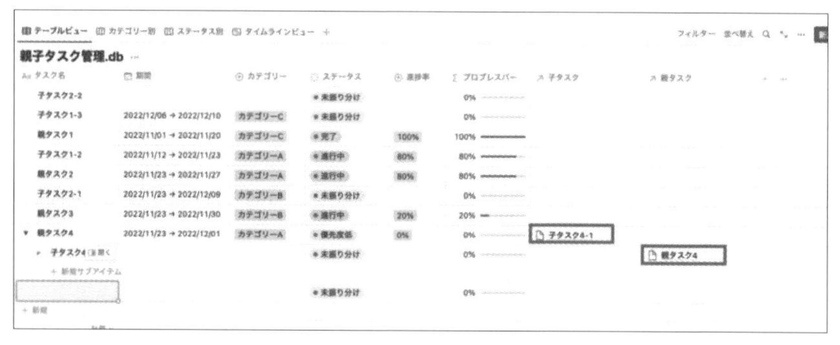

「親タスク4」に、サブアイテム「子タスク4-1」を追加

それぞれ選択した「親タスク」と「子タスク」が、「子タスク」のプロパティと「親タスク」のプロパティに、それぞれ自動で入力されます。

＊

これで親子関係のタスク管理を作成できました。

「▼」マークをクリックすることで、「子タスク」の「表示」と「非表示」を切り替えることができるので、使い分けてみてください。

■すでにあるアイテムも「サブアイテム」に移動できる

すでに作成している「タスク管理」のアイテムも、「サブアイテム」として変更することができます。

方法は、入れたい「親タスク」を「▼」マークで開いた状態にしたあとに、すでにある「子タスク」をドラッグ＆ドロップするだけです。

閉じた状態だと、「子タスク」に入れることができないので、開いてから移動させるようにしてみてください。

5-4 「サブアイテム」機能を活用する

■「テーブル・ビュー」以外でも「サブアイテム」機能を活用できる

本章では「テーブル・ビュー」でのやり方を紹介しました。

しかし、「タスク管理」は「テーブル・ビュー」以外に、「ボード・ビュー」「タイムライン・ビュー」などをよく使います。

上記の「「ビュー」でも「サブアイテム」機能を活用する方法があるので、気になる方はぜひ、こちらの記事も参考にしてください。

【Notion】サブアイテム機能をテーブルビュー以外でも活用する方法
https://ensei1375.com/notion-subitem-others/

■「子タスク」の更新を「親タスク」に反映

2023年3月下旬のアップデートで「ボタンブロック」の機能が大幅にアップしました。

※「ボタンブロック」については6章を参考にしてください。

それに伴って、「子タスクの更新が親タスクに反映されない」という問題が改善できるようになりました。

こちらの動画のように子タスクがすべて「完了」なら親タスクも「完了」に更新されます。

https://ensei1375.com/wp-content/uploads/2023/03/notion-task-update-button_parent-complete-updete-movie.mov

「データベース」内のすべての「タスク」を対象に行なわれるので、一括更新が可能になっています。

詳しく知りたい方はこちらの記事を参考にしてみてください。

【Notion】親タスクの更新がされない問題を新機能のボタンで解決
https://ensei1375.com/notion-task-update-button/

■「Slack」と連携して効率よくタスク管理

仕事で「Slack」を使っている方も多いと思います。

「Notion」と「Slack」を連携させて、「Slack」から「Notion」のタスク管理を行なったり、タスクのステータスが変わったら「Slack」で通知を受け取ることができるようになりました。

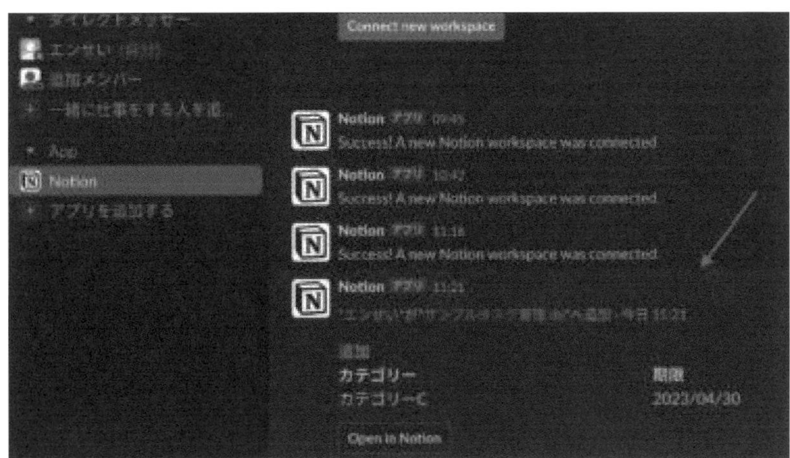

「Slack」と連携させる

「Slack」と連携させることで、タスク管理をさらに効率的に行なうことができます。

こちらの記事で詳しい設定方法を紹介しているので参考にしてみてください。

Slack から Notion への登録、Notion の更新を Slack で通知する方法を紹介 https://ensei1375.com/notion-slack/

5-5 これからのタスク管理は「サブアイテム」を使おう

簡単な手順で「サブアイテム」機能を取り入れられることが、分かったと思います。

今まで「リレーション」を使っていた方は、ぜひ「サブアイテム」に乗り換えてみてください。

*

今回のタスク管理データベースの完成版はこちらから複製できます。

サブアイテムサンプル after https://profuse-atom-c1f.notion.site/after-b5841ce9a4ed4ddcb7220789fac88b12

第6章

「ボタン」ブロックの使い方と活用法

本章では、2023年3月下旬ごろから順次追加されていった「ボタン」ブロックについて解説します。

6-1 「テンプレート・ボタン」ブロックの上位互換

今までの「テンプレート・ボタン」ブロックが、「ボタン」ブロックに変わりました。

機能は、今までの「テンプレート・ボタン」ブロックの上位互換といった感じです。

「ボタン」ブロックを使いこなせると、日々の作業をかなり効率化できます。

「データベースの一括更新」であったり、「ページの追加・編集」が、ボタンを1クリックするだけでできるようになります。

この章を読むと、「ボタン」ブロックの基本的な使い方や活用方法を知ることができます。

今まで「テンプレート・ボタン」を使っていた方や作業をもっと効率化したい方は、ぜひ本章を参考にしてください。

6-2 「ボタン」ブロックの基本的な使い方

まずは、「ボタン」ブロックの基本的な使い方を紹介します。

流れはざっくりこんな感じです。

- ・「ボタン」ブロックを追加する
- ・「ボタン」の名前やアイコンを設定する
- ・「ステップ」を選択する
- ・「ステップ」の設定をする

基本的には、視覚的に直感で操作ができるようになっています。
「Notion」の「UI」や「UX」は本当に素晴らしいです。

■「ボタン」ブロックを追加する

はじめに、「ボタン」ブロックを追加します。

「ブロック一覧」もしくは「ショートカット」で`/button`と入力して、「ボタン」ブロックを挿入します。

「ボタン」ブロック追加

すると、「ボタン」ブロックの設定が表示されます。

■「ボタン」の「名前」「アイコン」を設定する

次に、ボタンの「名前」「アイコン」を設定します。

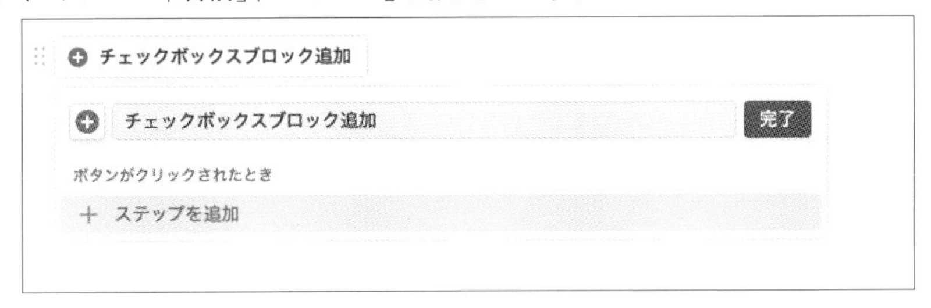

「ボタン」の「名前」「アイコン」設定

「アイコン」もアップデートで種類がさらに増えているので、視覚的に分かりやすいボタンに設定可能です。

■「ステップ」を選択する

「ボタン」ブロックの設定が表示されるので、そこから"「ボタン」のクリックで、どのステップを行なうか"を選択します。

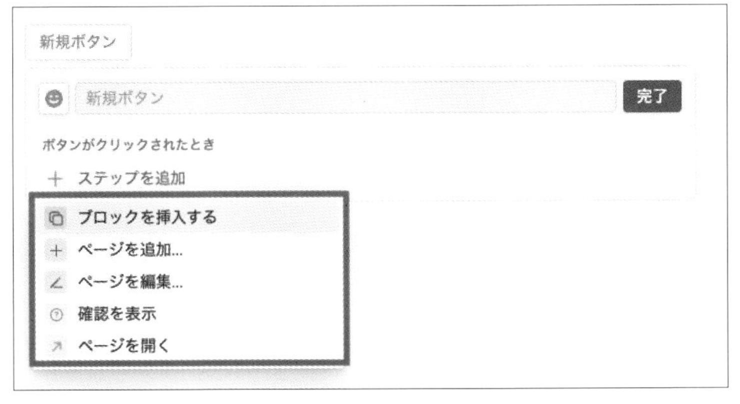

「ステップ」を選択

アクションには、大きく5つあります。

アクションの一覧

アクションの種類	アクションの内容
ブロックを挿入	そのページにブロックを挿入する(**複数挿入可能**)。
ページを追加	**指定されたデータベース内**に新規のページを追加する。
ページを編集	指定されたデータベース内のプロパティを編集する(**条件追加可能**)。
確認を表示	**続行**もしくは**キャンセル**を選択できる「確認ウィンドウ」を表示させる。
ページを開く	指定されたページを開く。 (**ボタンアクションで追加したページ**をそのまま開くことも可能)

各ステップの詳しい設定については、このあとで詳しく解説します。

*

「ボタン」ブロックの強みは、なんと言ってもこの“各ステップを連続していくつも追加できる”ことです。

複数の動作をボタン1クリックで実行できるようになるので、上手く使いこなせば、かなり作業を削減できます。

■「ステップ」の設定

「ステップ」を選択したあとは、その「ステップ」の設定を行なっていきます。

●ブロックの挿入

[ブロックを挿入する]ステップでは、どのブロックを挿入するかを設定します。

どのブロックを挿入するかを設定

＊

例として「チェックリスト」を追加してみました。

「ボタン」をクリックするだけで、この「チェックリスト」が追加されます。

異なるブロックも挿入可能です。

さらに、ブロックの挿入位置も設定可能です。

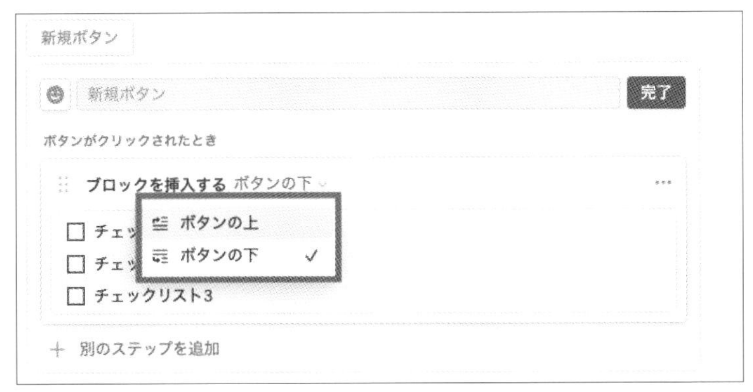

ブロックの挿入位置

今までの「テンプレート・ボタン」だと「ボタンの上」にしか追加できなかったので、好みで設定できるのは嬉しいですね。

●ページを追加

続いては[ページを追加]ステップの設定です。

このページ追加ステップは、データベース内で「新規ページ」を追加する「ステップ」です。
そのため、ページ内に「子ページ」を追加するなどはできません。

＊

ページ追加先の「データベース」を選択します。

ページの追加先の「データベース」を選択

「データベース」を選択すると、ページが追加された際の「プロパティ」を編集できます。

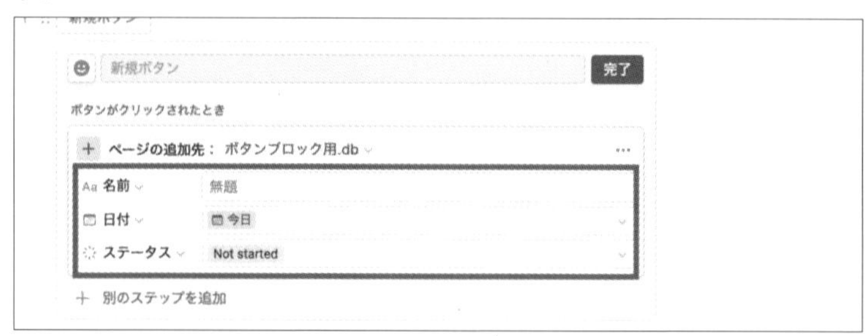

ページ追加時の「プロパティ」を編集

この例だと、[名前]は「空白」、[日付]は「今日」、[ステータス]は「Not started」で「新規ページ」が追加されるようになります。

＊

「データベース・テンプレート」でも同じようなことができますが、[日付]プロパティで「今日」を入力させることはできませんでした。

これが、ボタン1クリックで「今日」の日付も入力させることができるようになります。

※「データベース・テンプレート」については3章を参照。

●ページを編集

続いては[ページを編集]ステップです。

ここでは、指定されたデータベース内のページを編集できます。
流れは「データベースを選択」→「編集するページの条件設定」→「プロパティを編集」となります。

＊

以下の動画で「ステータスが未着手」かつ「ユーザーが自分」のページを、「ステータスを進行中に更新」するというボタンを作成しました。

https://ensei1375.com/wp-content/uploads/2023/03/notion-button_page-edit-movie.mov

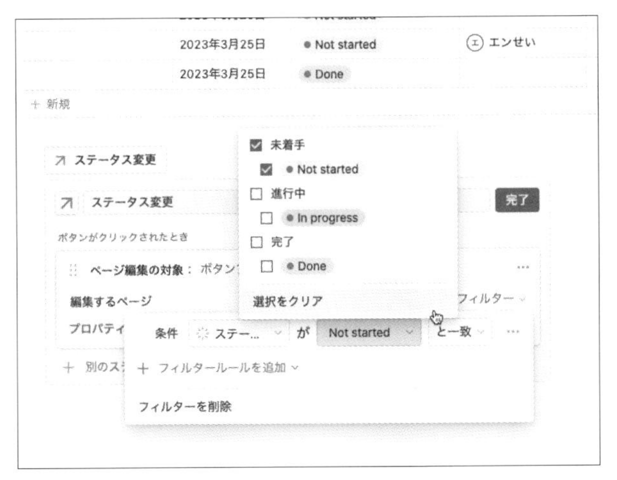

「ステータスが未着手」かつ「ユーザーが自分」のページを、ステータスを進行中に更新するボタンを作る

条件に合致するページを一括で更新することができるのは、「ボタン」ブロックの魅力の1つです。

●データベース内のページに「ボタン」を追加すると、「このページ」を選択できる

「データベース」のページ内に「ボタン」を追加すると、そのページ自体の「プロパティ」を編集することも可能です。

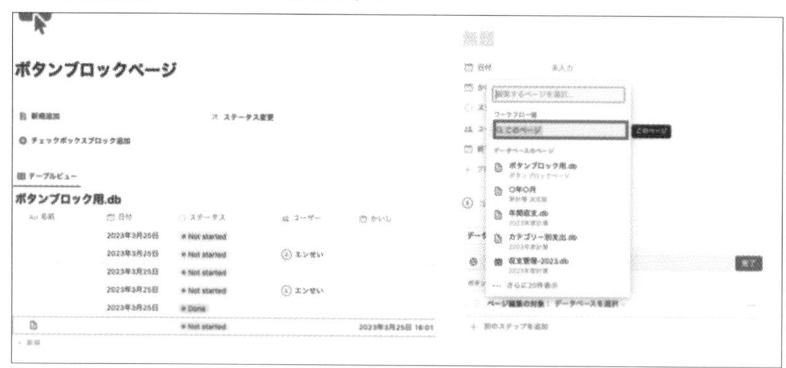

「このページ」を編集

ページごとに「ボタン」を設定したい場合は、この方法を使ってみてください。

●確認を表示

続いては[確認を表示]ステップです。

"「ボタン」によるアクションを本当に行なうか"を確認するウィンドウを表示させることができます。

一括でページの更新も行なうことができてしまうため、誤作動防止のために使えます。

＊

先ほどのステータス更新のボタンに「確認ウィンドウ」を設定してみます。

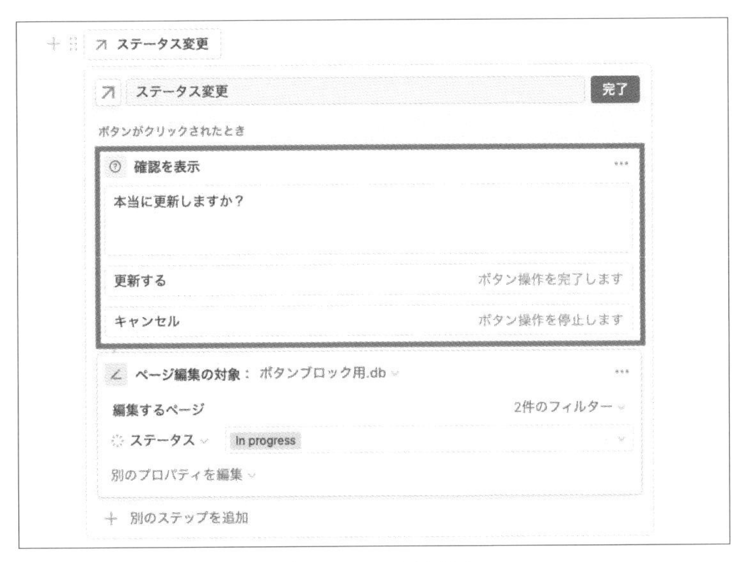

「確認ウィンドウ」を設定

［ページを編集］ステップの前に［確認を表示］ステップを追加します。

こうすると、［ステータス変更］ボタンをクリックした際に、「確認ウィンドウ」が表示されます。

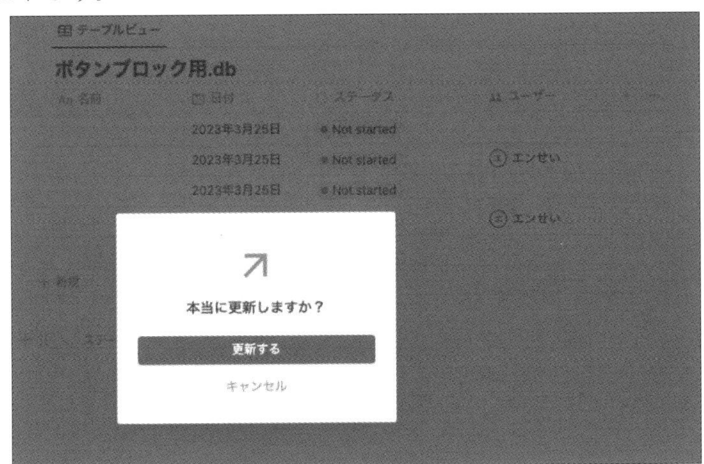

「確認ウィンドウ」が表示される

[更新する]をクリックすると、その次のステップである[ステータスの変更]ステップが実行され、[キャンセル]をクリックすると、次のステップは実行されなくなります。

●ページを開く

最後は[ページを開く]ステップです。
ここでは指定されたページを開くことができます。

*

[ページを選択]から、Notion内にあるページを選択することができます。

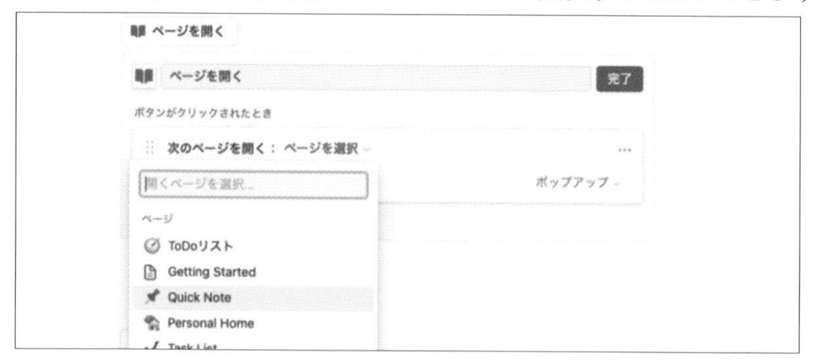

ページを選択

さらに、ページを開く際の開き方も設定可能です。

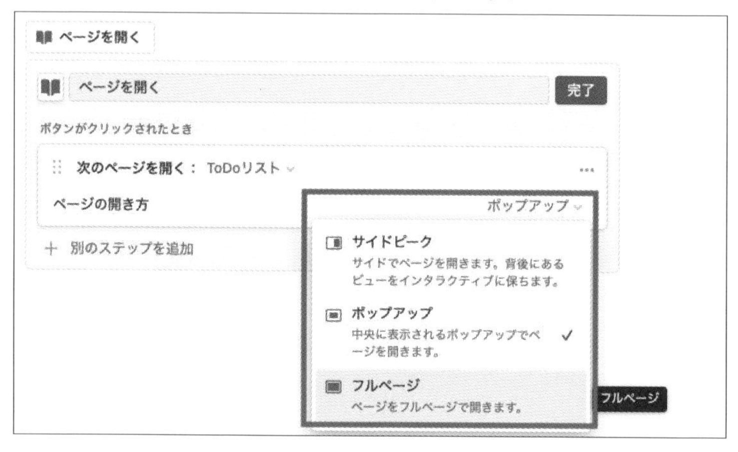

ページの開き方

＊

また、前のステップで「ページ追加」があった場合には、追加されたページを開くことも可能です。

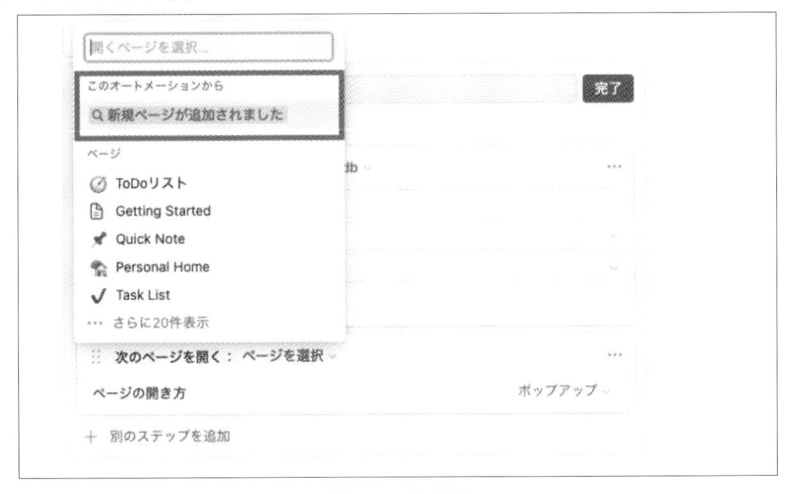

新規ページを開く

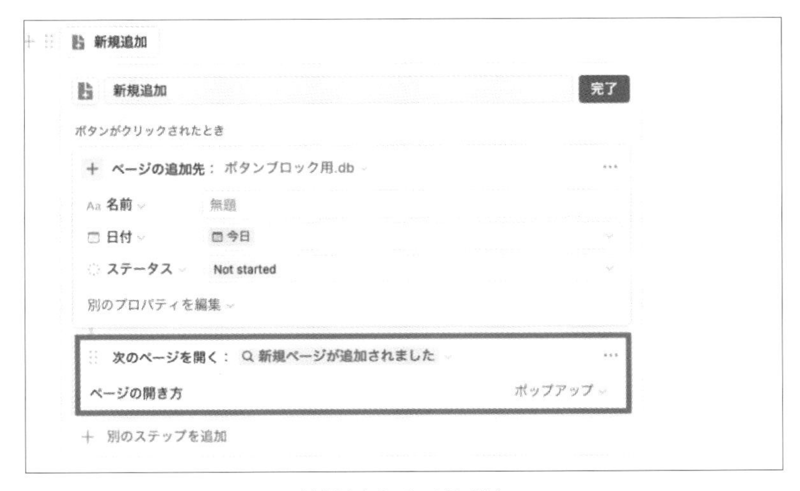

追加されたページを開く

このように設定することで、「ページの追加→そのページを編集」までを行なえるようになります。

■その他の設定

各ステップは複製可能ですし、「ステップ」の順番もドラッグ＆ドロップで変更可能です。

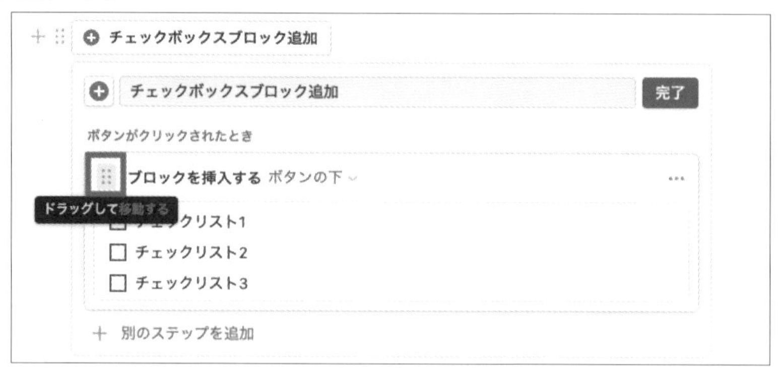

「ステップ」の順番変更

「ステップ」の複製

「ボタン」ブロックを横並びに配置したりすることで、複数のボタンを整理して配置することも可能です。

新規追加

ステータス変更

チェックボックスブロック追加

テーブルビュー

ボタンブロック用.db

名前	日付	ステータス	ユーザー
	2023年3月25日	Not started	
	2023年3月25日	Not started	エンせい
	2023年3月25日	Not started	
	2023年3月25日	Not started	エンせい
	2023年3月25日	Done	

＋ 新規

複数ボタンの配置

> ※ブロックを横並びにする方法はこちらの記事を参考にしてください。
> 【Notion】ブロックを分割して横に並べる方法【ショートカット付き】
> https://ensei1375.com/notion-blocklayout-shortcut/

＊

これで、「ボタン」ブロックでできることを一通り紹介しました。

今まで紹介したサンプルは以下から複製できるので、ぜひ複製して動きを確認してみてください。

> ボタンブロックページ
> https://profuse-atom-c1f.notion.site/c00325b7978c42f4a172bfaed70f4f10

次節で、この「ボタン」ブロックを活用してできることを紹介していきます。

6-3 「ボタン」ブロックの活用方法を考えてみた

ここまで「ボタン」ブロックの基本的な使い方を紹介してきました。

便利な機能ですが、どんな場面で活用できるかイメージが難しかったりします。

いくつか活用方法を紹介するので、参考にしてみてください。

■「いいねボタン」の作成

「ボタン」ブロックで「いいねボタン」を設置することができます。

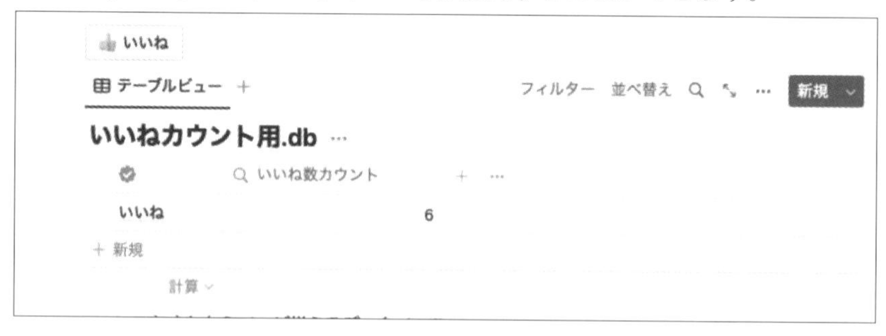

いいねボタン

会社内やチームで、メンバーの同意が必要な場合などに活用できると思います。

※2種類の「いいねボタン」の作成方法を次の記事で紹介しています。
【無料テンプレ】Notionの「ボタン」ブロックでいいねボタンを作成
https://ensei1375.com/notion-good-button/

■タスクやプロジェクトの「打刻機能」

続いて「打刻機能」です。

「ボタン」を使って、タスクやプロジェクトの「開始時刻」と「終了時刻」「活動時間」を記録できます。

＊

「データベース・テンプレート」に、あらかじめ「開始ボタン」と「終了ボタン」を設置したものを作っておきます。

打刻用テンプレート

「ボタン」の「ステップ」は、“クリックされたときのそのページの「開始時間」または「終了時間」を、それぞれの「プロパティ」に入力”という単純なものです。

さらに「作業時間」を記録するために「終了時刻－開始時刻」を「時間単位」で表示させています。

*

次図が「ボタン」を押した際の表示になります。

開始時刻・終了時刻表示

「分単位」で表示させることも、関数を変えることで可能です。

こちらはサンプルを配布しているので、ぜひ複製して試してみてください。

サンプル
https://profuse-atom-c1f.notion.site/c00325b7978c42f4a172bfaed70f4f10

■作業記録

続いては、「作業記録」を残す方法です。

プロジェクトで自分がどの日時にどの作業を行なったのかを記録できていると、後で振り返りもしやすくなりますし、エラーが起きたときも対処が迅速にできます。

＊

記録用のブロックを追加する際に、「追加した現在の日時」を同時に出力させるようにできます。

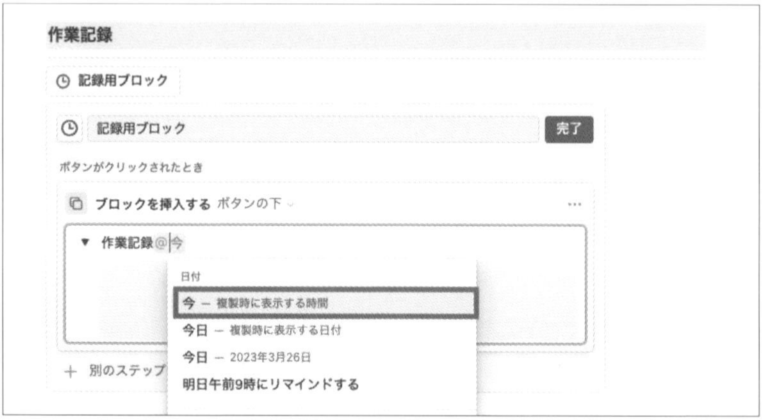

「今」の日時を表示

「ボタン」をクリックすると、クリックした時点の日時の「記録用ブロック」が挿入されます。

「@」を入力すると、「相対的に追加された日付」や、「複製したユーザー」を入力可能です。

便利なので、ぜひ使ってみてください。

■別ページにある「データベース」のページ追加

続いては、別ページにある「データベース」のページ追加です。

ボタン機能によって、Notion内のどこからでも好きな「データベース」にページの追加・編集ができるようになりました。
そのため、ページを追加したいときに対象ページに移動する必要もなくなります。
よくページを行き来して作業していた方にとっては、とても効率的だと思います。

■タスクのステータスや担当者を一括更新

最後は、「一括更新機能」でタスクのステータスや担当者を一括で更新する、というものです。

先だって基本的な使い方でも紹介しましたが、ある条件に当てはまるページの「プロパティ」を一括で更新することができます。
“締切が過ぎたタスクを、一括で自分が担当者に更新する”といったボタンを作ることができます。

*

一括更新は誤操作も考えられるので、「確認ウィンドウ」も付けたほうがいいでしょう。

とはいえ、間違えたとしてもページの「更新履歴」から戻れるようになっています。
さらに、ボタンが実行された際には、画面下に「元に戻す」ボタンが出てきます。
「Notion」は親切です。

元に戻すボタン

■「子タスク」のステータスによって「親タスク」のステータスも一括更新可能に

「サブアイテム」機能を使った「親子タスク」で、“「子タスク」の更新が「親タスク」に反映されない」”という問題が改善できるようになりました。

※「サブアイテム」機能を使った「親子タスク」については、詳しくは5章を参照。

「親子タスク」では、「子タスク」のステータスによって「親タスク」のステータスは更新されませんでした。

たとえば、「子タスク」がすべて「完了」になっていても、「親タスク」は編集を加えないと「完了」になりません。

それが、「ボタン」ブロックを使って改善できます。

＊

以下の動画のように、「子タスク」がすべて「完了」なら「親タスク」も「完了」に更新されます。

https://ensei1375.com/wp-content/uploads/2023/03/notion-task-update-button_parent-complete-updete-movie.mov

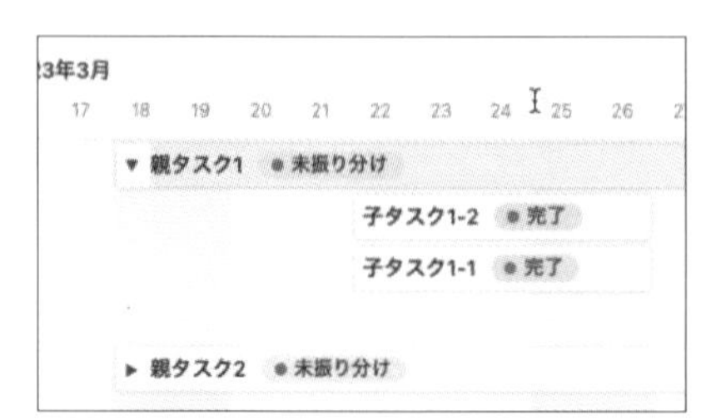

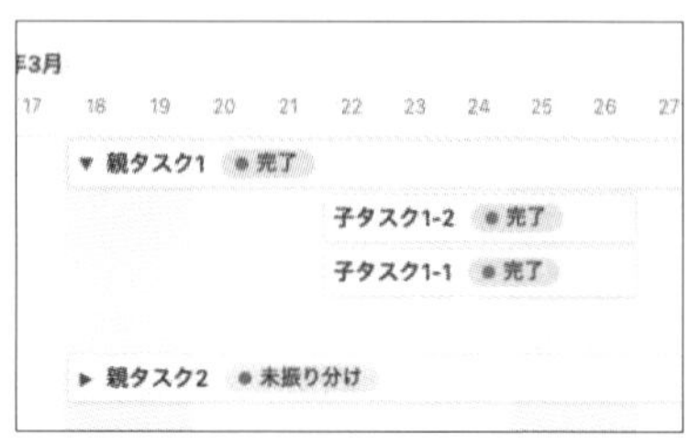

「子タスク」がすべて「完了」なら(左)、「親タスク」も「完了」に更新される(右)

データベース内のすべてのタスクを対象に行なわれるので、一括更新が可能になっています。

※詳しく知りたい方はこちらの記事を参考にしてみてください。
【Notion】親タスクの更新がされない問題を新機能のボタンで解決
https://ensei1375.com/notion-task-update-button/

＊

「ボタン」ブロックをうまく活用できれば、作業の効率が上がることはもちろん、「ミスの防止」や「記録からの振り返り」ができるようになります。

かなり、できることの幅が広がった印象です。

第7章

「Notion AI」の使い方と、できること

2023年2月23日、「Notion AI」が正式リリースされました。

この章では、「文章作成」や「アイデア出し」など、「AI」の力を使ったさまざまなアシスト機能をもつ、「Notion AI」の「できること」や「使い方」を解説します。

7-1 「フリープラン」でも「お試し」で利用できる

2023年2月23日の正式リリースによって、誰でも「Notion AI」が利用できるようになりました。

＊

「フリープラン」の場合は**最大20回**まで利用することができ、**20回以上利用**すると、プランを購入する画面に移行します。

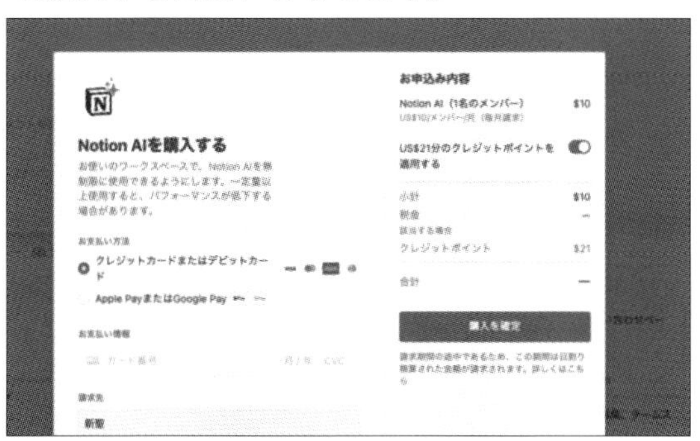

「Notion AI」のプラン購入画面

チームで利用している場合でも個人利用でも、1人につき**10＄/月**ほどかかります。

これを安いと取るか高いと取るかは人それぞれですが、使い道次第ではコスパがいいツールだと思います。

*

「ChatGPT」などの他サービスとのサービスや料金の比較も公式で紹介されていますが、料金は他サービスよりもお手頃でした。

使い方次第なので、これから紹介する使い道などをぜひ参考にしてみてください。

*

先ほど紹介した通り、20回までは無料で誰でも利用可能なので、実際に触ってみるのがいいと思います。

「Notion AI」の料金などは、詳しくは公式が紹介しています。

料金プラン：Notion（ノーション） https://www.notion.so/ja-jp/pricing

7-2 「Notion AI」の基本的な使い方

ここからは「Notion AI」の基本的な使い方を紹介します。

■文章を入力する

「Notion AI」が利用できるようになると、ページ内に「AIはスペース」と表示されるようになります。

［スペース］キーを押すと、「Notion AI」に依頼するための入力欄が出てきます。

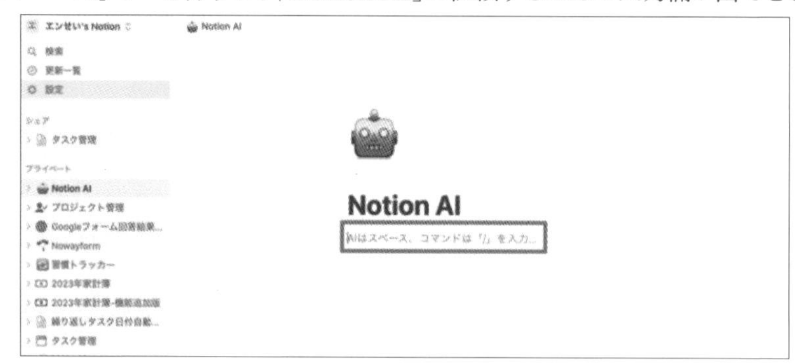

「Notion AI」の入力方法

[/]キーで「Notion AI」の別の機能も使うことができますが、こちらはこの後の節で紹介します。

＊

試しに、「Notionについて教えて」と入力してみてましょう。
すると、「Notion AI」が勝手に文章を作ってくれます。

「Notion AI」に「Notion」について書いてもらう

■入力後のアクション

「Notion AI」が文章を入力したあとは、このような画面になります。

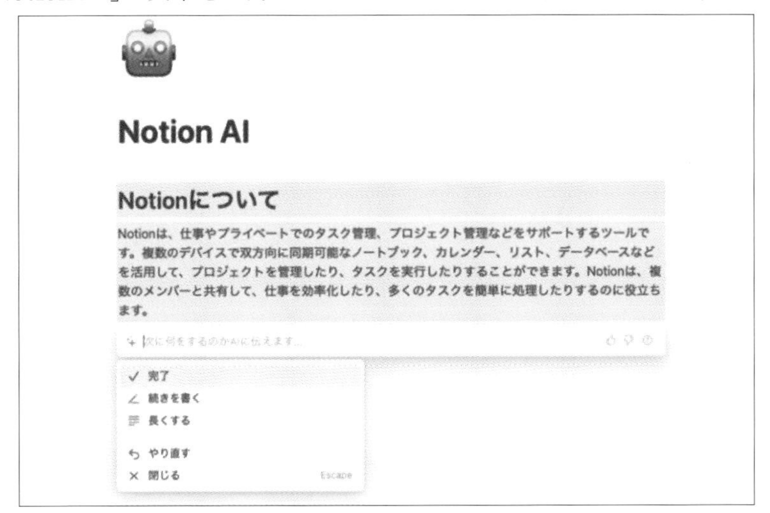

「Notion AI」の入力後のアクション

「Notion AIについて教えて」と依頼して出力された内容が、こちらです。

Notionは、仕事やプライベートでのタスク管理、プロジェクト管理などをサポートするツールです。複数のデバイスで双方向に同期可能なノートブック、カレンダー、リスト、データベースなどを活用して、プロジェクトを管理したり、タスクを実行したりすることができます。Notionは、複数のメンバーと共有して、仕事を効率化したり、多くのタスクを簡単に処理したりするのに役立ちます。

「Notion」について簡潔にまとめられていると思います。

*

文章作成が終わると、次に何をするのかを選択できるようになります。

大きく分けると、「**完了**」「**やり直す**」「**続きを書く**」「**長くする**」を選択できます。

「完了」または「閉じる」を選ぶと、今作成されている文章で終了します。

「やり直す」を選ぶと、作成された文章が一度消されて、依頼した内容を「Notion AI」がもう一度引き受けて文章作成してくれます。

「長くする」も同じように、作成された文章は一度消されて、最初よりも長い文章が一から作成されます。

「続きを書く」は、作成された文章に続く文章を付け加えてくれます。

どれも、作成された文章を確認して次のアクションを選択できるようになっています。

*

以上が、「Notion AI」の基本的な使い方になります。
直感的な操作で、「AI」と対話している感覚で文章が作成できるので、とても便利です。

7-3 「Notion AI」でできること

ここから"「Notion AI」の機能を使ってできること"を紹介していきます。

■文章作成アシスト

まずは「文章作成アシスト」機能です。

こちらは、先ほどの「基本的な使い方」でも紹介したので、割愛します。
AIに作成してもらいたい文章を依頼することで、自動的に文章を作ってくれます。

■文法チェック・編集

続いては選択した文章の「文法チェック・編集」です。

「Notion AI」によって作成された文章はもちろん、自分で作った文章などでも可能です。

*

Notion内で文章を選択すると、「AIに依頼」というオプションが出てくるのでクリックします。
すると、選択した範囲を編集できるメニューが出てきます。

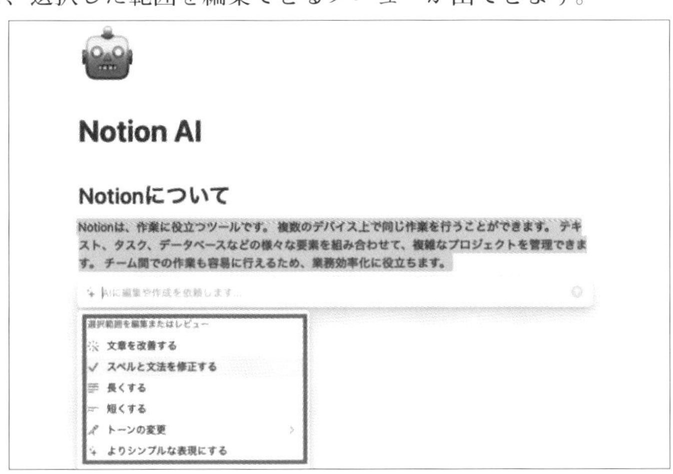

選択範囲を編集

[文章を改善する]で、選択した文章をAIが書き換えてくれます。

[スペルと文法を修正する]で、文法チェックを行なってくれます。

これは英語の文章などを書いたときのチェックに役立ちそうです。

他にも[トーンの変更]で好みのトーンに変えてくれたり、[よりシンプルな表現にする]で簡潔な文章に置き換えてくれます。

また、「Notion AI」が新たに作成した文章を確認してどうするのか選択できます。

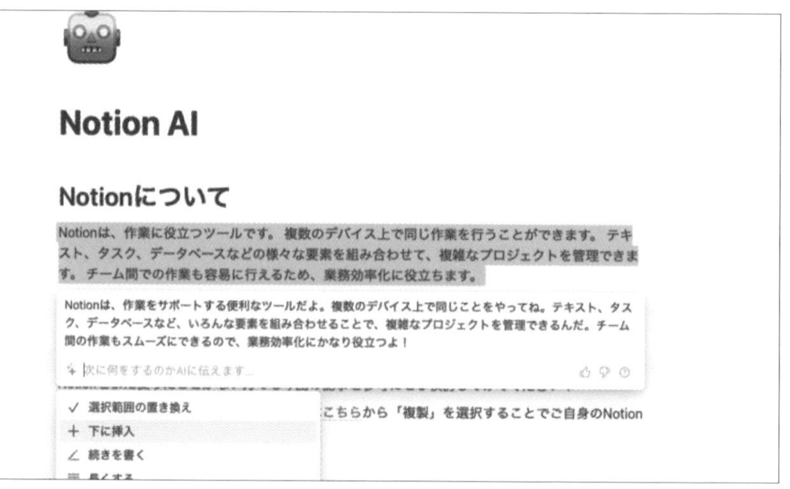

文章の下に挿入したりもできる

置き換えたり、既存の文章の下に挿入したりできるので、用途に合わせて選択できます。

■文章・Notionページ内の要約、翻訳

続いては「要約・翻訳」機能です。

こちらも先ほどと同様、「AIに依頼」から選択できます。

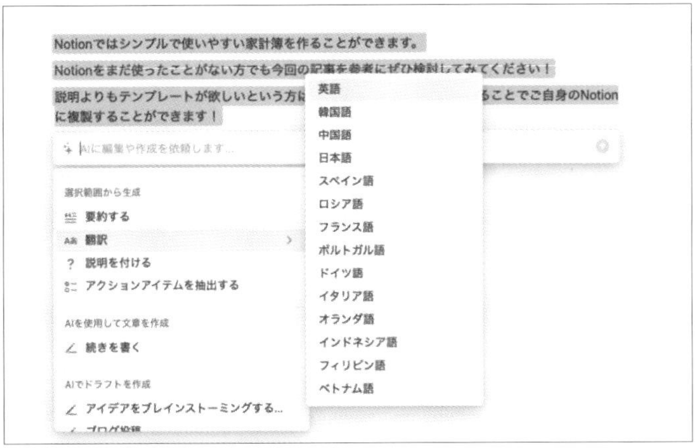

要約・翻訳

「翻訳」に関しては、表示されている言語を選択するだけで翻訳してくれます。

■アイデア出し

ここからは、より実用的な方法を紹介していきます。

＊

まずはアイデア出しです。
「Notion AI」では文章だけではなく、「リスト表示」などもしてくれます。

＊

例として、「ジョギングのメリット・デメリット」を3つずつ出してみたいと思います。

自分ではなかなか出ないこともあると思いますが、「Notion AI」に依頼するとすぐにリストにして表示させることが可能です。

このように「Notion AI」に依頼すると、

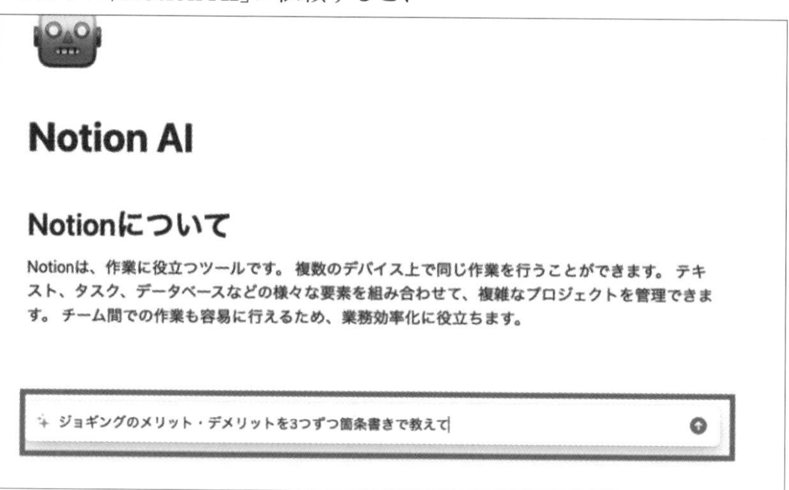

「ジョギングのメリット・デメリット」を挙げてもらう

このように3つずつリストで表示してくれました。

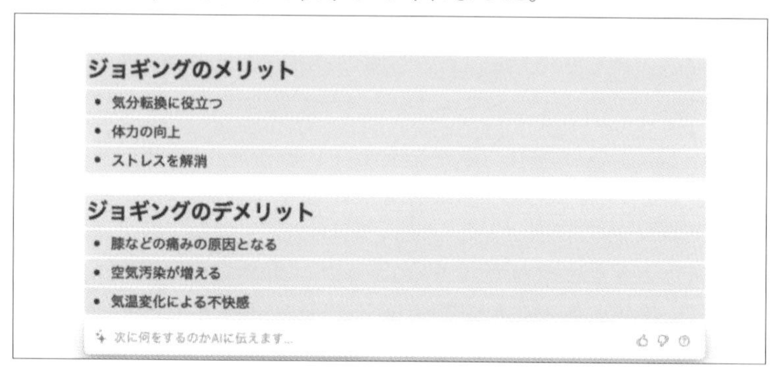

「ジョギングのメリット・デメリット」をリスト表示

依頼する文章は慣れの部分もあると思いますが、文章だけではなくこのように「リスト表示」もしてくれます（デメリットの「空気汚染が増える」はよく分かりませんが）。

「Notion AI」への依頼の仕方によって、自分の考えの整理につながったり、新たなアイデアを発見できます。

■「記事のアウトライン」も作成してくれる

さらに、「記事のアウトライン」も作成してくれます。

ブログで記事を書く際に、どのような記事構成にするか悩んだときに役立ちそうです。

*

以下の画像は「マラソンについての記事 アウトライン出して」と依頼した場合です。

記事のアウトライン作成

各見出しになるようなものを作成してくれました。
記事構成の手助けになりそうです。

■「テンプレート・ボタン」を使って効率よく「AIブロック」を生成する

「テンプレート・ボタン」を利用することで、特定の「Notion AI」への依頼内容をブロックとして複製することができます。

*

[カスタムAIブロック]では1つのブロックとしてNotion AIへの依頼を行なうことができるブロックになります。

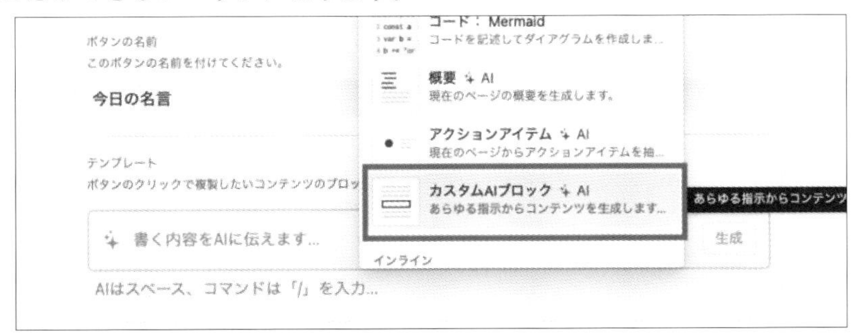

カスタムAIブロック

これを「テンプレート・ボタン」に埋め込むことで、作った「カスタムAIブロック」が複製させることが可能になります。

毎回異なる答えが返ってくるような「カスタムAIブロック」を設定しておけば、日々の日記の振り返りや、その日の天気、偉人の名言などをその都度得ることができます。

*

試しに、偉人の名言を生成する「テンプレート・ボタン」を作ってみましょう。

ボタンの設定で「カスタムAIブロック」を作りました。

※ボタンについては6章で詳しく紹介しているので参考にしてみてください。

偉人の名言を生成する「テンプレート・ボタン」

「偉人の名言を1つ紹介して」という依頼内容にします。

「生成」をクリックせずに「テンプレート・ボタン」の設定を閉じ、「テンプレート・ボタン」をクリックしてみると…

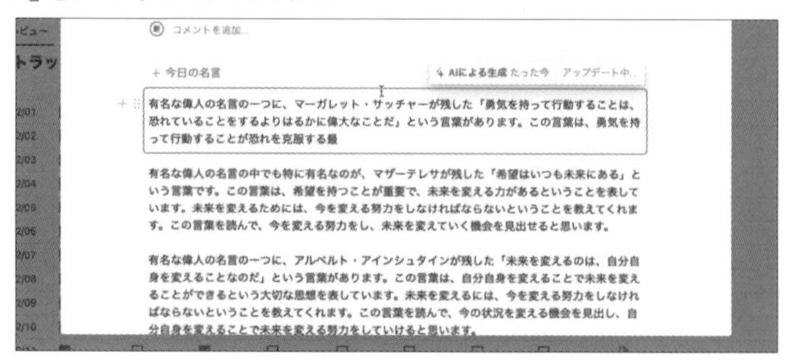

名言の紹介文が生成された
(https://ensei1375.com/wp-content/uploads/2023/02/notion-ai_creat-good-word-template.mov)

このように異なる名言を紹介してくれるブロックが生成されました。

「日記」や「習慣トラッカー」で毎日作成されるページに「テンプレート・ボタン」として設置しておくと、毎日新しい情報を入れることができます。

＊

「習慣トラッカー」の作成方法はこちらから。

【繰り返し機能付き】Notionでの習慣トラッカーの作り方【テンプレート配布】 https://ensei1375.com/notion-habit-tracker/

7-4 「Mermaid記法」でグラフも作成できる

他にも「Mermaid記法」で作るグラフも「Notion AI」が自動作成してくれます。

＊

「Mermaid記法」とは、「フローチャート」「シーケンス図」「クラス図」「ガントチャート」および「gitグラフ」を生成するための「マークダウン構文」です。

専用の構文を使う必要があるので慣れるまでに時間がかかりますが、「Notion AI」を使うことでその構文も自動作成してくれます。

＊

例として、カレーの作り方を「フローチャート」で表現してもらいます。

カレーの作り方を「フローチャート」で表わす

結果がこちら。

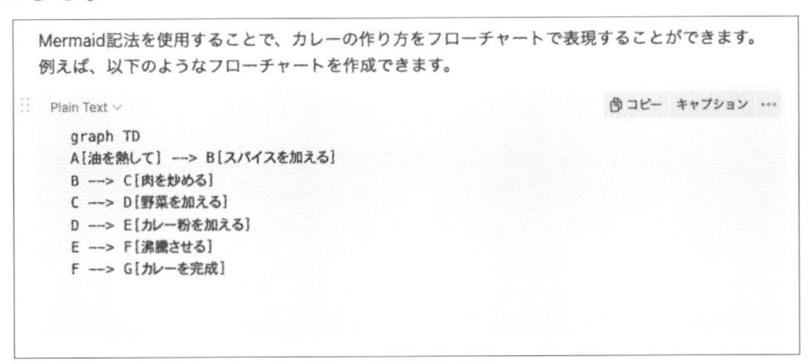

カレーの作り方の「フローチャート」(Mermaid記法)

コードブロックの中に「Mermaid記法」が挿入されています。

このままだと図になっていないので、コードブロック左上の「コードの種類」から、[Mermaid]と[プレビュー]を選択します。

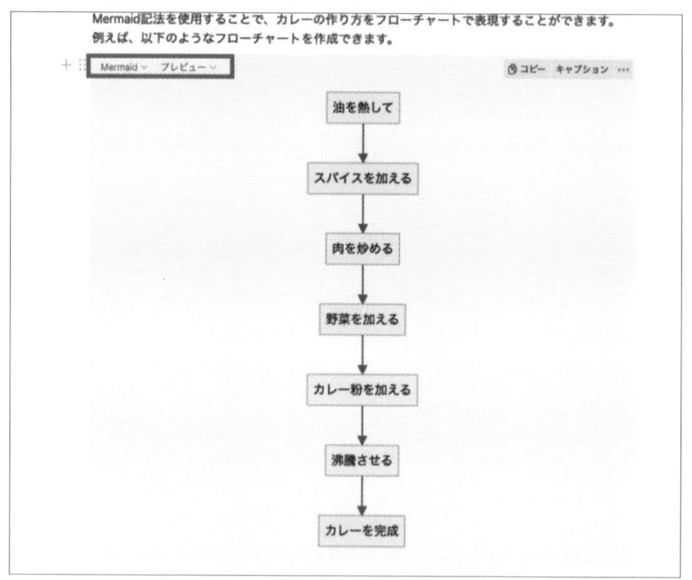

「Mermaid記法」のプレビュー

*

「フローチャートで表現して」と「Notion AI」に依頼すると、このように「Mermaid記法」でコードブロックに書いてくれるので、ぜひ試してみてください。

資料作りで図があったほうが分かりやすい場合もあると思います。

そのような場面で活用できそうです。

7-5 「Notion AI」の可能性は無限大

「Notion AI」の基本の使い方と、AIを使ってできることをざっくり紹介しました。

AIを使って効率化できる作業はどんどん効率化して、人間にしかできないことに注力できるようになれば最高ですね。

第8章

新機能「Wiki」の使い方・できること

本章のテーマは、2023年4月上旬のアップデートで追加された「Wiki」についてです。

「Wiki」機能は、どういう機能でどういったメリットがあるのか掴みにくい機能ですが、なるべく分かりやすく、「使い方」や「できること」を紹介します。

8-1 そもそも「Wiki」とは

まず、そもそも「Wiki」とはどういうものなのかについて理解があったほうが機能の理解も進むと思うので、簡単に解説します。

*

「Wiki」とは、“不特定多数のユーザーが共同して「Webブラウザ」から直接コンテンツを編集するシステム、またはそれを使ったWebサイト”です。

ハワイ語の「wikiwiki」(速い)という言葉に由来しているそうです。

馴染みがあるのは「Wikipedia(ウィキペディア)」ではないでしょうか。

個人ではなく、多数のユーザーでニーズに沿ったコンテンツを作り上げていく構造を、「Wiki」と呼びます。

8-2 「Wiki」の使い方・できること

それでは、「Notion」の「Wiki」機能とはどういったものなのでしょうか。
「Notion」で用意されているサンプルの「Wikiページ」を例に見てみます。

「Wikiページ」のサンプル

社内での必要な情報を「子ページ」ごとにまとめているようなイメージです。

構成としては、「親ページ」の「Wikiサンプル」ページがあって、その「子ページ」に、それぞれ資料ページや情報をまとめたページが作成されています。

■既存ページを「Wiki」に変換する

このページを「Wiki」に変換してみます。

ページ右上の[…]から、[Wikiに変換]をクリックします。

「Wiki」に変換

すると、ページの見た目がこのように変化します。

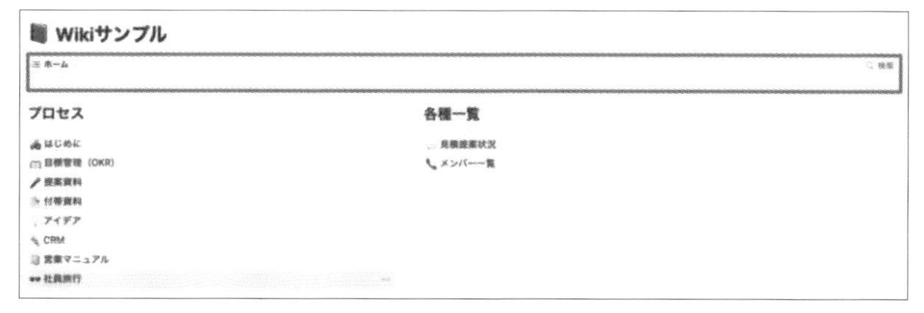

「Wiki」に変換

タイトルの下に新しい項目が追加されました。

「Wikiサンプル」ページにある「子ページ」が「データベース化」しました。

「ホーム」と書いてあるところをクリックすると、「ビュー」を変更できます。

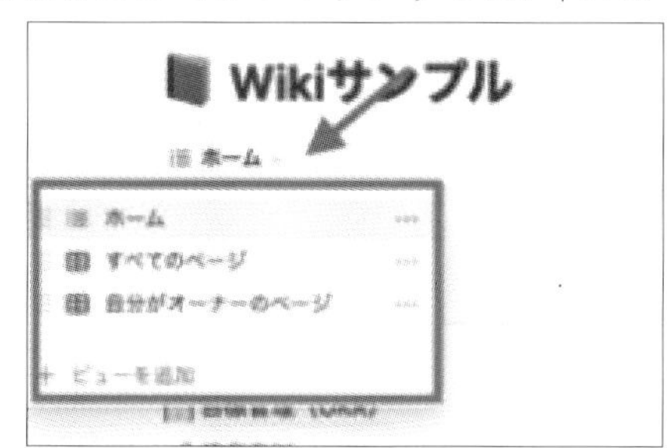

「ビュー」を変更

「ビュー」を「すべてのページ」に変更すると、このような見た目になります。

「テーブル・ビュー」に変わった

先ほどは「リスト・ビュー」だったので分かりづらかったのですが、「テーブル・ビュー」になると、「データベース化」していることが分かりますね。

※「Notion」に用意されている6つの「ビュー」について知りたい方は4章を参照してください。

■「有効期限」を設定可能

「Wiki」の特徴の1つとして、ページの「**有効期限**」を設定できることが挙げられます。

「Wiki」に変換することで「有効期限」プロパティが追加されます。

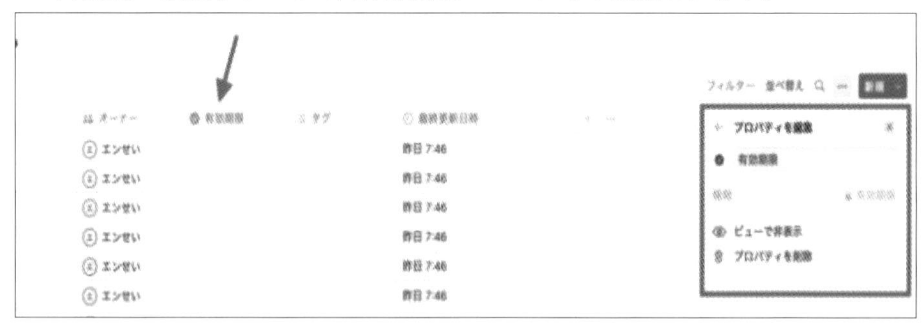

「有効期限」プロパティ

これを設定することで、ページの有効性の期限を設定できます。

有効期限選択

「有効期限」は、このように「7日間～無期限」まで選択できるようになっています。

特定の日付を選択することも可能です。

＊

また、「有効期限」を超えても、そのページ自体は閲覧可能です。

ただ、「有効期限」の欄で「期限切れ」の表示に切り替わり、オーナーに通知が届くようになっています。

有効期限切れ

＊

ページが正確で、有効性があるかどうかを組織内で簡単に認識できるようになったので、「Wiki」として活用しやすそうです。

定期的に見直しやアップデートが必要な資料などを設定しておくと便利かもしれません。

「有効期限」が切れると通知がくるのも魅力かなと思います。

「Notion」で通知がくるようにする方法はいくつか設定が必要なのですが、「Wiki」機能ではその必要がありません。

※通知の設定が知りたい方はこちらの記事をどうぞ。
Notionで通知がくるようにする方法【メンション、リマインダー】
https://ensei1375.com/notion-notifications/

■「ページ・オーナー」を設定

もう1つの特徴は、「**オーナー**」を設定できることです。

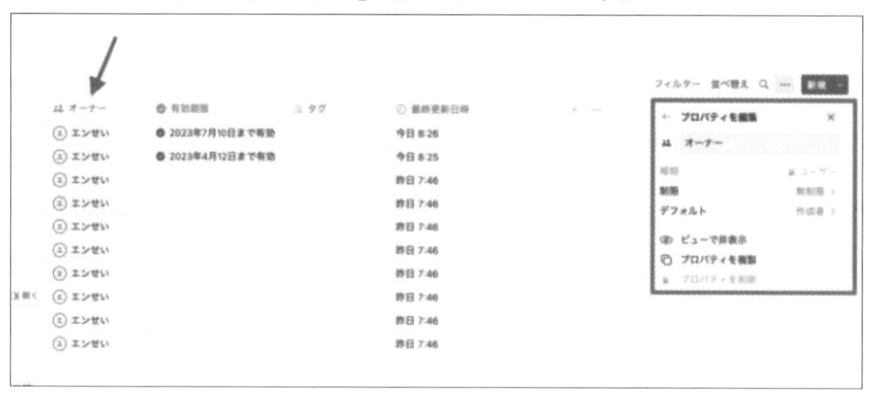

オーナー設定

そのページの「オーナー」を設定できるようになっています。

「ページ」に対しての質問があったときなどや更新依頼をする際に、「オーナー」が分かっているとスムーズです。

「オーナー」の人数は、設定の「制限」から「1人」または「無制限」を選択できます。

デフォルトの設定では作成者が「オーナー」になっていますが、デフォルトを「無し」にもできます。

「ユーザープロパティ」と同じで、既存の「オーナー」もクリックすることで変更可能になっています。

■「Wiki」を元に戻すことも可能

「Wiki」の状態から元に戻すことも可能です。

[…]から[Wikiを元に戻す]を選ぶと、「データベース化」していたものが元の表示に切り替わります。

「Wiki」を元に戻す

戻すことも簡単なので、一度試してみてください。

8-3 「Wiki」の魅力3選

ここまで基本的な使い方を説明してきたので、改めて「Wiki」機能の魅力をまとめてみます。

「Wiki」機能だからこそできることを簡単にまとめてみたので、メリットを感じたら取り入れてみてください。

■有効性確認済みページの設定

1つ目は、「**有効性**」の設定です。

ページの情報が正しいものか、有効性のあるページかどうかというのは、人数が多い組織だと判断がつかない場合が多いです。

「Wiki」機能で「有効性」を設定することで、どのページが信頼できるのかをすぐに確認することが可能です。

■「ページ・オーナー」の設定

2つ目は、**「ページ・オーナー」を設定できること**です。
これも組織でドキュメントや情報管理している場合はメリットが大きいです。

その情報に対して誰に質問や依頼をすればいいかが、「ページ・オーナー」が設定されることで判別しやすくなり、スムーズに進めることができます。

■「データベース」としての強み

最後は、**「データベース」としての強み**です。

「Wiki」内では「データベース」として全ページが管理されています。
そのため、「データベース」内でやっていたことが、「Wiki」でもできます。
たとえば「検索」。

「Wiki」でも「検索」ができる

ページ数が多い場合も、「検索」を使うと素早く目的のページに辿り着けます。

＊

さらに「フィルター」や「並び替え」なども、普通の「データベース」と同じように活用できます。

「ビュー」を追加して、目的や用途に合わせて切り替えることも可能です。

※Notionの6種類のビューについては、**4章**を参照。

データベース化したことで、扱いやすさは大きくなりました。

8-4 「Slack」の通知との組み合わせ

「Wiki」のページで更新があった際に、「Slack」で通知を受け取ることができます。

＊

「Wiki」では、重要な情報やチーム全体に周知したいような内容が管理されています。

そのため、更新があった際に自動で「Slack」で通知がいくように設定可能です。

＊

さらに2023年4月から、特定の条件合致したときのみに通知を送ることができるようになりました。

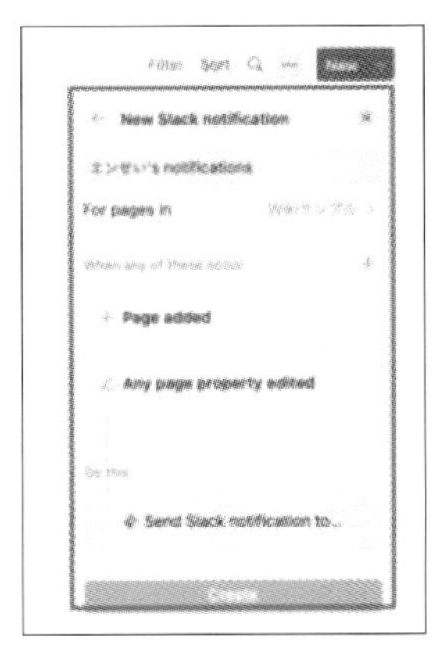

特定の条件に合致したときのみに通知を送る

> ※詳しくはこちらの記事で設定方法を紹介しています。
> SlackからNotionへの登録、Notionの更新をSlackで通知する方法を紹介
> https://ensei1375.com/notion-slack/

＊

いかがでしょうか。本章を読んで「Wiki」機能の基本的な「使い方」や「できること」が理解できれば幸いです。

個人より複数人で情報を管理している際に、「Wiki」機能は活用できそうです。
ぜひ、社内やグループで「Wiki」を取り入れてみてください。

第9章

「Notion」での「家計簿」の作り方

本章では、「Notionでの家計簿の作り方」と「Notionのtableブロックの魅力」について解説します。
シンプルで使いやすいので、ぜひ作ってみてください。

9-1 便利な「家計簿」を作ろう

「Notion」では、シンプルで使いやすい家計簿を作ることができます。
「Notion」をまだ使ったことがない方でも、本章を参考に、検討してみてください。

また、説明よりも「テンプレート」がほしいという方は、以下のURLから「複製」を選択することで、自身の「Notion」に複製できます。

家計簿
https://www.notion.so/0c496debabb0487780edb2ba6c392f9f

9-2 「Notion」での「家計簿」の作り方

「家計簿」を作る大まかな手順はこちらです。

(1) 家計簿用のページを作成
(2) 「Table」ブロック挿入
(3) 必要な項目を入れる

順を追って作っていきましょう。

■家計簿用のページを作成

まずは、家計簿用の新規ページを作ります。

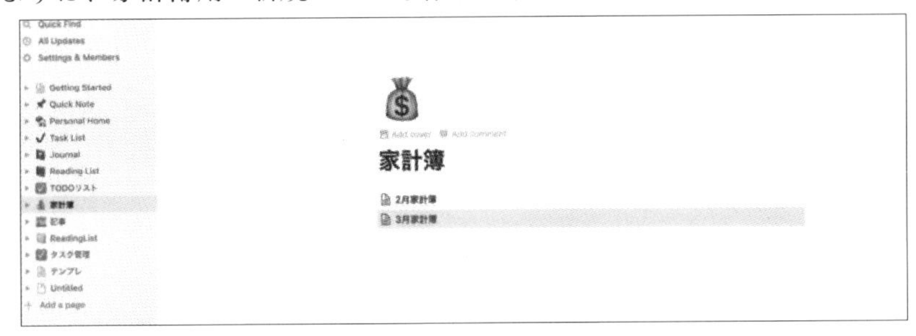

家計簿ページ作成画面

個人的には月ごとにページを分けて「家計簿」を作りたいので、「家計簿」という「親ページ」の中に「〜月家計簿」のような「子ページ」を作って活用しています。

ページを階層的に作成できるのは「Notion」の魅力の一つですよね

■「Table」ブロックを挿入

そのページ内で「家計簿」のもととなる、「Table」ブロックを挿入します。

＊

[＋]ボタンを押して「Table-inline」を選択。
すると、**次図**のように「Table」が挿入されました。

「Table」を挿入

■必要な項目を入れる

次に、「家計簿」に必要な項目を入れていきましょう。
「家計簿」に必要な項目は、「買ったもの」「日付」「値段」「買ったものの種類」などだと思います。

「Notion」では簡単にこのような項目を作ることができるので、一緒に作っていきましょう。

*

下の画像の線で囲った部分が、各項目を入れる場所です。

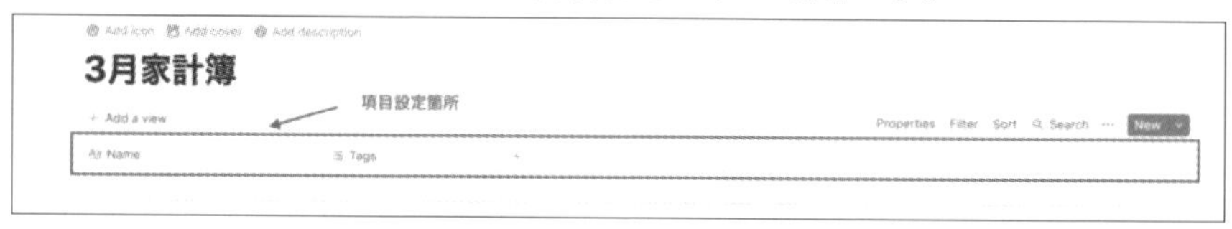

「項目」を入れる予定の場所

1列目は「Name」とデフォルトで入っているので、そのまま「買ったもの」を入れる項目として利用しましょう。

2列目は、「Tags」と入っているところに「日付」項目を作っていきます。
「Tags」と入っている箇所をクリックすると、「項目設定画面」が表示されます。

「項目」設定画面

項目名は「Date」としておきましょう。
その下の[PROPERTY TYPE]をクリックし、その列に入力する情報の種類を選択します。

ここでは日付なので、そのまま[Date]を選択します。
すると、「Date」の列には、日付を選択することができるようになりました。

枠囲み部分の[Date format & timezone]をクリックすると、日付表記も選択することができます。
私は日本人に馴染みのある「Year/Month/Date」にしています。ぜひお好みで決めてください。

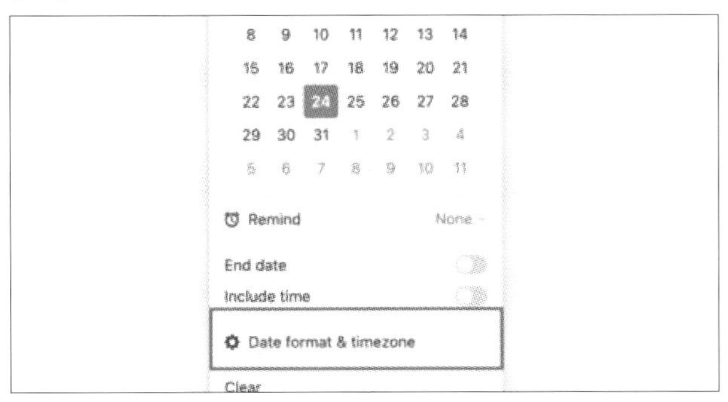

日付のフォーマット

3列目には「値段」項目を作っていきましょう。
先ほど作った「Date」の横の[+]ボタンを押すと、新たに「列」が追加されます。
そこで先程の要領で、[Much]という項目名、そして入力情報の種類は[Number]としましょう。

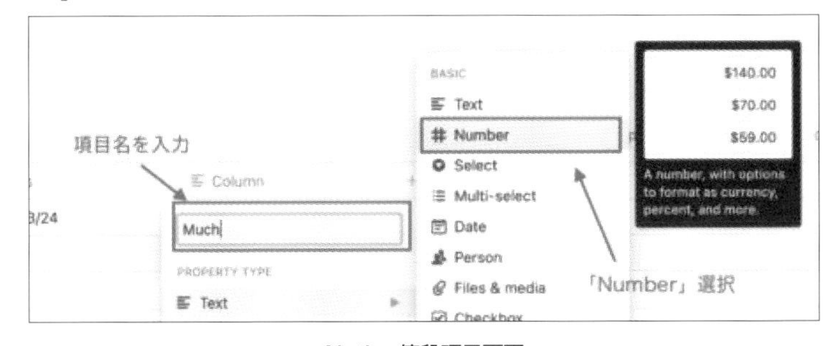

Notion値段項目画面

そうすると、数字が入力できるようになります。

さらに値段として表記させるために[Format number]をクリックし、[Yen]を選択します。

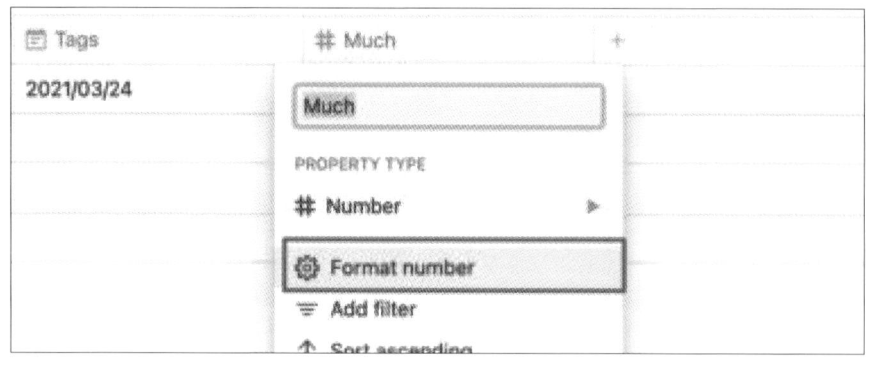

[Format number]から[Yen]を選択

すると、数字を入力すると「￥100」などのように表記されるようになりました。

*

最後の**4列目**には「買ったものの種類」項目を追加していきましょう。

「食費」や「交通費」「クレジット引き落とし」など、種類ごとに分けることで後述する「カテゴリ分け」で、よりお金を管理できるようになります。

今までと同じように新しい列を作り「Category」とつけておきましょう。
そして入力情報の種類は[Select]もしくは[Multi-select]としましょう。

「Select」は作ったカテゴリから1つを選択、「Multi-select」は複数選択することができます。
好みで決めていいですが、私は一応「Multi-select」を使っています。

こうすることで、その列の**2行目**から下をクリックすると、カテゴリを選択および新規追加できるようになります。

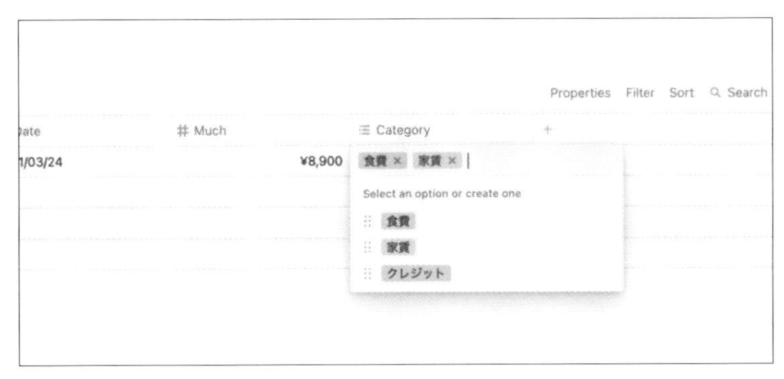

カテゴリを設定

色も変更できるので、自分の好みに合わせてカスタマイズしてみてください。

カテゴリにマウスをもっていくと、左のほうに[…]をクリックすると、「色選択画面」が表示されます。

これで「家計簿」の大まかな形は完成しました。

*

次節では、この「Table」ブロックのさらなる機能で「家計簿」をより使いやすくしていきましょう。

9-3 Table機能の活用

「家計簿」に使える「Table」ブロックの機能を紹介します。

まとめると、こんな感じです。

- 「Sum」機能
- 「Filter」機能
- 検索機能

■「Sum」機能

まずは、「Sum」機能の紹介。
一月に使ったお金の「合計金額」を表示させることができます。

「Sum」機能

「Much」列の最終行の[Caluculate]をクリックすると、その列の全体のデータを使った情報を表示することができます。
今回は「Sum」で合計額を表示します。

＊

これで月に使った合計額を把握することができました。

■「Filter」機能

次に「Filter」機能の紹介です。

「家計簿」の右上の[Filter]をクリックすると、このような画面になります。

Filter

[＋Add a filter]を選択できます。

カテゴリと併用することで「食費」にいくら使ったのか、月の前半ではどのくらい使ったかなどを、詳細に把握できます。

■検索機能

最後に「**検索機能**」。

右上の[Search]で検索したいワードを打ち込むと、それに対応する項目が表示されます。

■「ビュー」の作成、切り替え

2022年のアップデートで、データベース内で「ビュー」を複数作成し、自由に切り替えられるようになりました。

先ほど紹介した「Filter」機能なども、異なる「ビュー」として保存できるようになり、カテゴリごとの出費などもすぐに確認できるようになりました。

詳しくは以下の記事で説明しているので参考にしてください。

【Notion】1つのデータベース内で複数のビューを作成、切り替える方法
https://ensei1375.com/notion-view/

9-4 自動集計機能がついた家計簿も作成できる

年間収支や、買ったもののカテゴリごとの支出の管理・自動集計ができる「家計簿」も紹介しているので参考にされたい方はぜひこちらの記事を参考にしてみてください。

私自身も今はこちらの家計簿を利用しています。
把握したい情報が1ページですべて確認できるので、とてもお勧めです。

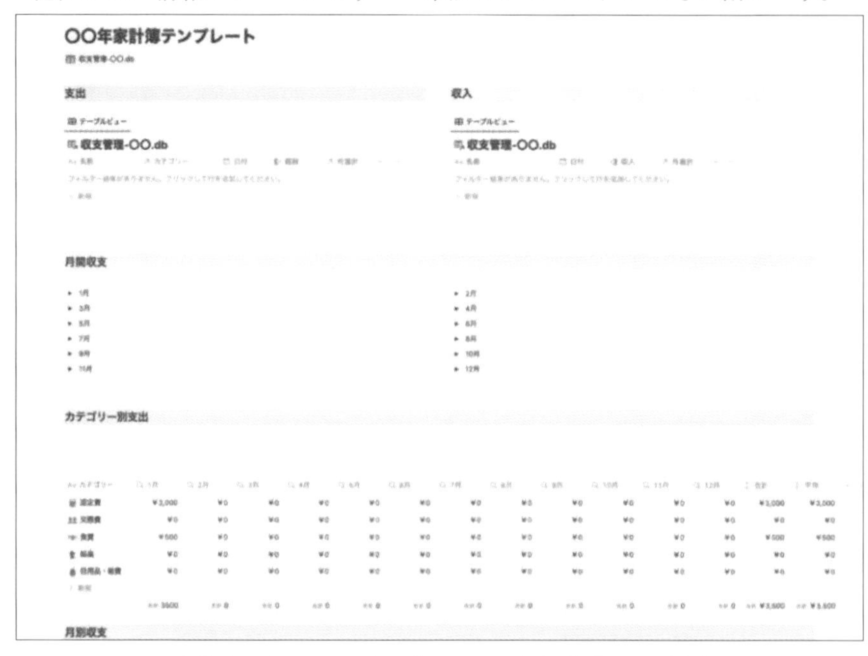

年間収支や買ったもののカテゴリーごとの支出を管理できる家計簿

今回紹介した家計簿よりも難易度は高いですが、気になる方はぜひチャレンジしてみてください。

【Notion】収支を自動集計できる万能家計簿の作り方【テンプレート配布】
https://ensei1375.com/notion-money-consolidate/

第10章

「Notion」でのネット記事の保存方法

ここでは、ネット記事を「Notion」を使って分かりやすく保存していく方法を、2つ紹介します。

10-1 ネット記事の保存方法

普段ネット記事などで気になったものを「ブックマーク」に保存しておく方も多いでしょうが、後で見返すときに、どんな記事だったか分からなくなることがあると思います。

「Notion」を使うとそれを解決できるので、ぜひ参考にしてみてください

*

「Notion」でのネット記事の保存方法は大きく2種類あります。

・URLコピー&ペースト
・Chrome拡張機能を使う方法

1つずつ見ていきましょう。

10-2 URLコピー&ペースト

1つ目は、「コピー&ペースト」する方法です。

*

まずは、ネット記事を保存するページを新規に作成しましょう。

ページを新規作成

あとは、実際にネット記事のURLをコピーしてきて、新規ページにペーストします。

新規ページにペースト

URLをペーストすると、上の画像のように表示方法を選択することができます。

「Dismiss」だと、URLをそのままの表記で表示します。

「Create bookmark」は、文字通りブックマーク風に記事の「タイトル」と「抜粋文」「アイキャッチ画像」を表示してくれます。

「Create bookmark」洗濯時のブックマーク風画像

「Create embed」は、実際のネット記事の画面を表示してくれます。

＊

個人的にお勧めなのは、「Create bookmark」です。

いちばんコンパクトに収まっていて、一目見ただけでその内容を理解できます。

記事を多く保存する場合は、この方法をお勧めします。

ちなみに私も、この方法で気になった記事を保存しておいて、後でまとめて見返しています。

10-3 「Chrome拡張機能」を使う方法

次は、“「Chrome」を利用している方」”かつ、“とにかく手間なく記事を保存していきたいという方”にお勧めの方法です。

「Chrome」の拡張機能を使って、「Notion」を開くことなく「Notion」に記事情報を保存できてしまいます。

＊

まず拡張機能「Notion Web Clipper」をダウンロードし、利用できる状態にします。

そして、気になった記事を開いている状態で「Chrome」右上の拡張機能を使う箇所から「Notion Web Clipper」を選択します。

すると、このような画面になります。

「Notion Web Clipper」を使う

あとはシンプルに、[Add to]でページ名、[Workspace]でユーザーを選んで、[Save page]をクリックします。

そうすると…

「Webページ」が保存された

記事のタイトルが書かれたリンクが、自動で表記されています。

いちいち「Notion」を開いてURLをコピー＆ペーストをするのが面倒というう方にはピッタリですね。

クリックすると、「Webブラウザ」でリンクページが開かれるようになっています。

「ブックマーク」のように画像などを表示することはできませんが、それが気にならない方は、便利なので、ぜひ試してみてください。

第11章

「Notion」を使った「タスク管理」

本章では、「Notion」を使った「タスク管理」の方法と、他のアプリと比べてどこが優れているかを解説します。
「タスク管理」の中でもシンプルで簡単なやり方を紹介しているので、初めての人でも安心して試してください。

11-1 「タスク管理」のサンプル

この章では「Notion」を使った「タスク管理」の基本的な方法と、他のアプリにはない魅力について紹介します。

すぐにでも完成したサンプルを参考にしたいという方は以下のURLをご覧ください。

タスク管理
https://profuse-atom-c1f.notion.site/5bbd633d5b3140d19ebc34687a9c8f81

画面右上の「複製」から、ご自身の「Notionアカウント」にページごと複製できます。

*

ここで紹介する「タスク管理」の方法は、かなり簡単に設定ができるものになっています。
もっと機能を増やして便利なタスク管理をしたい方は、以下の記事も参考にしてみてください。

【Notion】リンクドデータベースで最強タスク管理を作成する方法【テンプレート配布】
https://ensei1375.com/notion-task-linked/

11-2 「Notion」での「タスク管理」の方法

「Notion」での「タスク管理」の流れは、こんな感じです。

(1)「タスク管理」のページを作成
(2) タスクの種類でタイトルつける
(3)「To-do list」でタスクを入力していく
(4) 自分好みにカスタマイズ
(5) Slackとの連携でタスク管理の効率アップ

操作はシンプルで簡単なので、さっそくやってみましょう。

■「タスク管理」のページを作成

まずは、タスク管理を行なう専用のページを作りましょう。

今回は「タスク管理」としておきます。

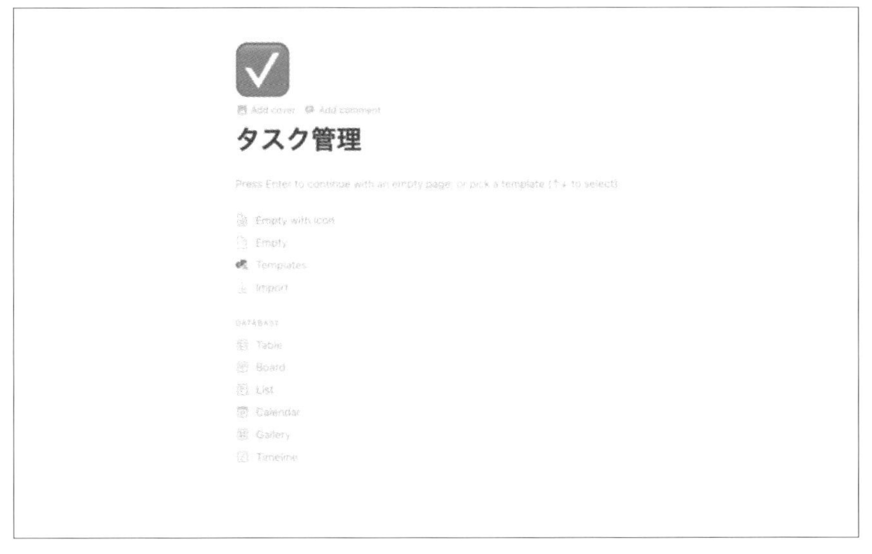

「タスク管理」のページを作成

■「タスクの種類」でタイトルをつける

次に、「タスクの種類」によってカテゴリ分けを行ないたいので、種類ごとにタイトルをつけていきましょう。

「今日のタスク」「今週のタスク」「今月のタスク」「今月以降のタスク」などと分けておくと、一目でやることが分かって整理できるので、私もこのように分類しています。

やり方は、ブロックで「Heading」を選択して、タイトルを入力していきます。

太文字で個別のタスクと見分けがつきやすいので、整理がしやすいです。

タイトルを入力

■「To-do list」でタスクを入力していく

それでは、実際にタスクを入力していきましょう。

＊

ブロックで「To-do list」を選択すると「チェックボックス」が出てくるので、そこにタスクを入力していきます。

タスクを入力

このように、「チェックボックス」のついたタスクが配置されました。

完了したタスクは、「チェックボックス」をクリックすると「チェック」と「斜線」が入るので、どのタスクがまだ残っているのか一目で分かるようになります。

＊

これで基本的な「タスク管理」の作成は終わりです。

次節では、今作った「タスク管理」をさらに自分好みに使いやすくカスタマイズする方法を紹介します。
「Notion」の魅力がたっぷり詰まっているので、ぜひ参考にしてください。

11-3 カスタマイズ方法

カスタマイズの種類は、ざっくりこんな感じです。

- 配置を横並びに変更
- 横幅を広げる、文字のサイズ変更
- divider
- 文字色、背景色変更
- 「Googleカレンダー」の埋め込み

順に見ていきましょう。

■配置を「横並び」に変更

まずは、配置変更です。

今までだと縦に連続していて、タスクが増えてくるとスクロールしないと把握できなくなってしまっていました。

そこで、「横並び」にして一目で把握できるようにしてみましょう。

＊

やり方は、移動したいタスクを複数選択して、[＋]部のすぐ横のマークをドラッグすると移動させられるようになります。

ドラッグで移動させられる

そして、このようにタスクを「横並び」に配置できました。

タスクを「横並び」にする

こうすると、1ヶ月のタスクをまとまって見ることができて、生産性が上がります。

■横幅を広げる、文字のサイズ変更

次は、“ページ全体の「横幅」を広げる方法”と、“「文字サイズ」を変更する方法”を紹介します。

ページ右上の[…]をクリックすると、[Small text]と[Full width]という項目があります。

[Small text]と[Full width]がある

[Small text]をクリックすると全体的に小さな文字になり、[Full width]をクリックするとページ内のすべての要素が横幅いっぱいに広がります。

[Full width]に設定した画面

＊

私は、「タスク管理」はなるべく横一列で観たいので[Full width]に設定しています。

[Small text]は使っていませんが、より小さい画面で見たい方は、試すといいでしょう。

これらの設定はどのページにも適応できるため、ぜひ試してみてください。

■divider設定

「Notion」のブロックには「divider」というものがあり、下線を加えることができます。

タイトルとタスクの間にうっすらと線が引かれる

「divider」を加えると、このようにタイトルとタスクが分かれて、見栄えが良くなります。

■文字色、背景色変更

「文字色」と「背景色」を変更する方法を紹介します。

*

変更したい文字を選択して、[…]をクリックすると設定画面が表示されます。

「設定画面」が表示される

[COLOR]で「文字色」、[BACKGROUND]で「背景色」を変更できます。

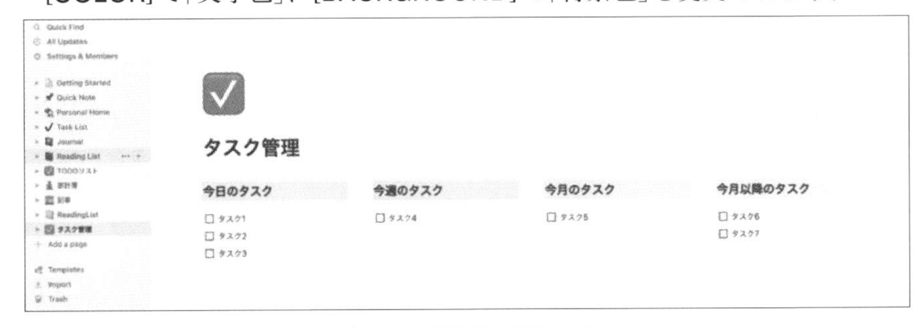

「文字色」と「背景色」が変わった

*

このように、「タスクの種類」によって色を変更すると、より見やすくなります。

11-4 「Slack」と連携して効率よく「タスク管理」

仕事で「Slack」を使っている方も多いことでしょう。

「Notion」と「Slack」を連携させて、「Slack」から「Notion」の「タスク管理」を行なったり、タスクのステータスが変わったら「Slack」で通知を受け取ることができます。

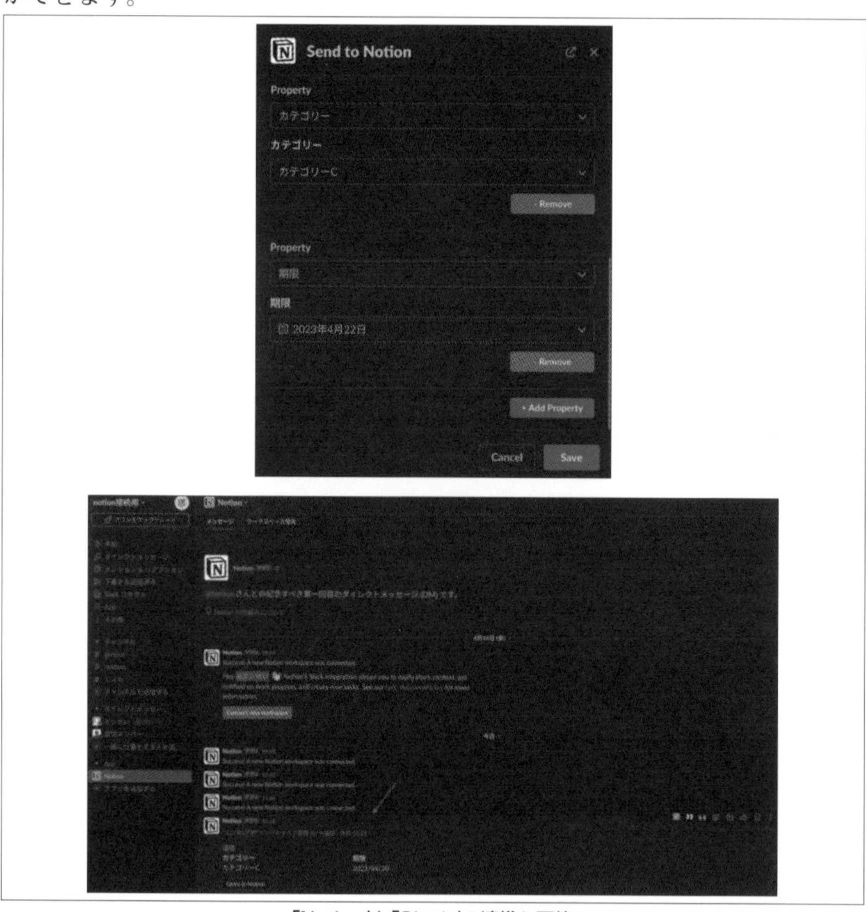

「Notion」と「Slack」の連携も可能

「Slack」と連携させることで、「タスク管理」がさらに効率的に行なえます。

第12章

「ギャラリー・ビュー」で「読書リスト」を作る

「Notion」を使って「読書リスト」を作る方法を紹介します。
読み終わった本の感想や、気になって「後で買おうかな」と思った本を一括で管理するリストです。

12-1 「読書リスト」を「Notion」で

この章で紹介するのは、「Notion」の「ギャラリー・ビュー」についてです。

*

「ギャラリー・ビュー」では、「サムネイル画像」を表示させて視覚的に分かりやすい見た目を表現できます。

そこで、今回は「ギャラリー・ビュー」を使った「読書リスト」の作成方法を紹介します。

また、Google拡張機能の「Save to Notion」を使って、効率良く読書リストを作る方法も紹介しています。

*

ちなみに、完成版のテンプレートも用意しているので、複製したい方は以下のURLからどうぞ。

> 読書リスト
> https://profuse-atom-c1f.notion.site/ef8dea040e604f82923235dd7f6b5f4a

12-2 「ギャラリー・ビュー」はこんな感じ

4章で説明した通り、「Notion」のデータベースには6種類の「ビュー」が用意されており、それぞれ用途に合わせて切り替えることができます。

その中の「ギャラリー・ビュー」は、次の**図**のような見た目になります。

ギャラリー・ビュー

このように画像を「サムネイル」として表示させることができます。

見た目も分かりやすくなりますし、“ぱっと見”でどんなアイテムなのかが分かって便利です。

こちらの画像は「サムネイル画像」と「タイトル」のみを表示させていますが、そのほかのプロパティも、自由に「表示」と「非表示」を切り替えることができます。

＊

次節からは、この「ギャラリー・ビュー」で「読書リスト」を作っていきます。

12-3 「ギャラリー・ビュー」で「読書リスト」作成

ここから実際に「ギャラリー・ビュー」で「読書リスト」を作っていきます。

■ベースの「データベース」を新規追加する

まずは、ベースとなる「データベース」を作ります。

次の画像のように、「読書リスト」という新規ページを作成し、その中に「データベース-インライン」を挿入します。

データベース追加

データベース名は、「reading-list.db」としました。
名前はお好みで付けてかまいません。

■「読書リスト」に必要なプロパティを追加する

続いては、先ほど作った「reading-list.db」に「読書リスト」に必要なプロパティを追加していきます。

追加した画像がこちらです。

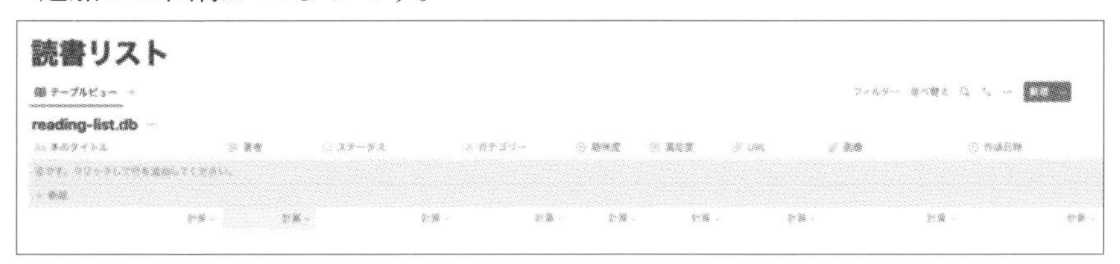

色が付いた部分の上に追加したプロパティの名前が表示されている

けっこう、いろんなプロパティを詰め込んでみました。
まとめると、こんな感じです。

追加したプロパティの一覧

プロパティ名	プロパティの種類	概　要
本のタイトル	タイトル	データベース作成時に、デフォルトで作成されるプロパティ。
著　者	テキスト	本の著者を記録。
ステータス	ステータス	ステータスを「読みたい」「進行中」「読了」に分類。
カテゴリー	マルチセレクト	本のカテゴリを分類。 作成したカテゴリから複数選択できる。
期待度	セレクト	その本の期待度を選択。星1～星5。
満足度	セレクト	その本の満足度を選択。星1～星5。
URL	URL	その本のAmazonなどのリンクを挿入。
画　像	ファイル&メディア	その本の表紙画像などを追加。 「ギャラリー・ビュー」のサムネイル画像になる。
作成日時	作成日時	行を追加した日時が自動で追加される

「Notion」にはさまざまなプロパティが用意されていますが、上記のプロパティを使いこなせれば問題ないと思います。
便利なものばかりなので、この機会にぜひ使ってみてください。

■「ギャラリー・ビュー」を追加する

これでベースとなる「データベース」を作成できたので、次は「ギャラリー・ビュー」を追加します。

＊

まずは、「データベース」左上の「ビュー」のタブにある[＋]をクリックして、「新規ビュー」を追加します。

「ビュー」の追加

すると、「新規ビュー」が追加されます。

右側に設定できる「サイドピーク」が開くので、「ギャラリー・ビュー」の設定をしていきます。

「ギャラリー・ビュー」の設定画面

まずは、「ビュー」の名前を「**ギャラリー・ビュー**」としました。
そして、6種類ある「ビュー」から「ギャラリー・ビュー」を選択します。

その下にある[**カードプレビュー**]という項目で、先ほど追加した「ファイル&メディア」プロパティである「画像」を選択します。

こうすることで、「画像」に追加した画像が、「ギャラリー・ビュー」のサムネイル画像として表示されるようになります。

■試しに本を登録してみる

それでは、試しに1件本を登録してみます。

＊

こんな感じで情報を入力していきます。

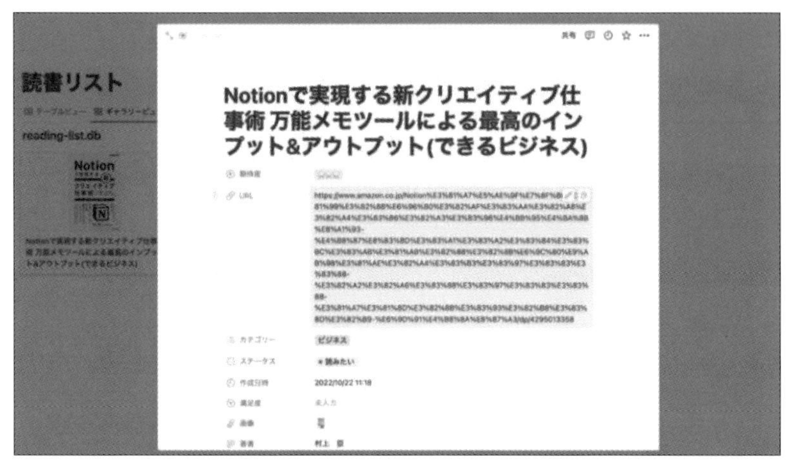

本の情報を入力

一通り入力が終わったら、入力画面を閉じて「ギャラリー・ビュー」での見た目を確認してみます。

見た目を確認

きちんと「画像」に追加された画像が「サムネイル」として表示されています。

画面右側の「ビュー」の設定画面で[画像を表示枠のサイズに合わせる]にチェックを入れると、いい感じに画像が収まるので、こちらもチェックを入れてみてください。

＊

これで読みたい本をどんどん追加して、本の整理ができると思います。
ステータスを変更することで、読んだ本と読んでない本の整理もできますね。

12-4 「Save to Notion」でもっと楽に本を登録

ただ、この方法だと、「タイトル」や「URL」をコピペして、さらに「画像」も用意してと、入力の手間が発生してしまいます。

Google 拡張機能「Save to Notion」を取り入れると、それらの手間を省くことができて、データ登録の効率が一気に上がるので、試してみてください。

> ※「Save to Notion」の詳しい使い方はこちらの記事を参照。
> 【Notion】ブックマーク管理ができる便利拡張機能「Save to Notion」の使い方
> https://ensei1375.com/savetonotion/

この方法だと、Amazon で気になる本のページに行き、そこですべての入力を完結することができます。

Notion を開いてコピペなどをする必要もありません。とても便利なので、ぜひ使ってみてください。

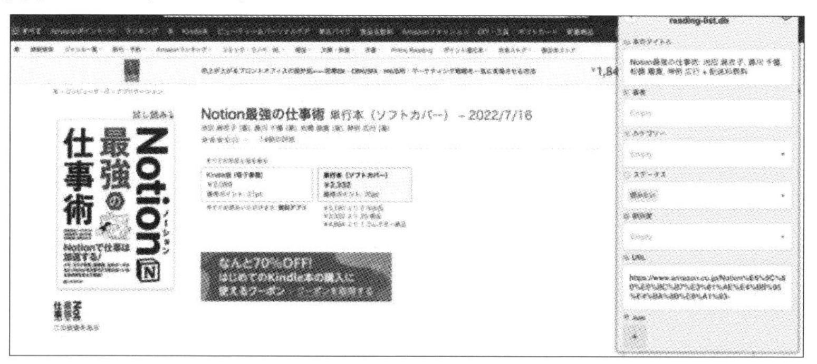

「Save to Notion」の追加画面

■「Save to Notion」で画像を表示させる

「Save to Notion」を使う際は、「ギャラリー・ビュー」の設定で[カードプレビュー]を「ページコンテンツ」に変更する必要があります。

こうすることで、[content image]にある画像が「サムネイル画像」として表示されるようになります。

content image

本来は、そのページの「OGP画像」が自動で取得されて、[content image]に追加されます。

しかし、サイトによっては、この[content image]が取得できない場合があります。(Amazonのページでは自動追加されなかった)

そういった場合は、任意の画像をページ内から選択することができます。

select image

[content image]の[＋]をクリックし、[Select Image]を選択します。
そうすると、ページ内で任意の画像を選択できるようになります。

緑の[＋]マークが出るようになれば選択可能ということなので、[＋]マークが出たときにクリックします。

そうすると、[content image]のところに画像が追加されました。

画像が選択できた

無事、画像も表示されるようになりました。

選択した画像が表示されるようになった

12-5 プロパティを表示させる

これで、「読書リスト」の登録も効率良く行なうことができました。

しかし、今の段階では、画像と本のタイトルのみが表示されるようになっています。

せっかく多くのプロパティを追加したので、それらのプロパティも表示させてみたいと思います。

＊

データベース右上の[…]から、「ビュー」のオプション画面を開き、[プロパティ]を選択します。

プロパティを選択

そうすると、プロパティの「表示」と「非表示」を選択できる画面に移ります。

*

あとは、自分の好きなようにプロパティを選択するだけです。
ドラッグ&ドロップで順番を入れ替えることも可能です。

プロパティの表示・非表示

これで必要な情報が一目で分かるようになりましたね。

12-6 いろんな「ビュー」を追加してみる

おまけで、「ギャラリー・ビュー」以外の「ビュー」も追加してみます。

*

本章の趣旨からズレるので詳しくは説明しませんが、「こんな使い方もあるんだ」という程度に見てもらえればと思います。

■ステータス別の「ボード・ビュー」

まずは、ステータス別の「ボード・ビュー」です。

「ステータス」は、「読みたい」「進行中」「読了」の3ステータスに分類していたので、こんな感じの見た目になります。
今までどんな本を読んできたか、これから読みたい本は何があるかを、整理しながら確認することができます。

*

ちなみに、「ボード・ビュー」でも、実は画像を表示させることができます。

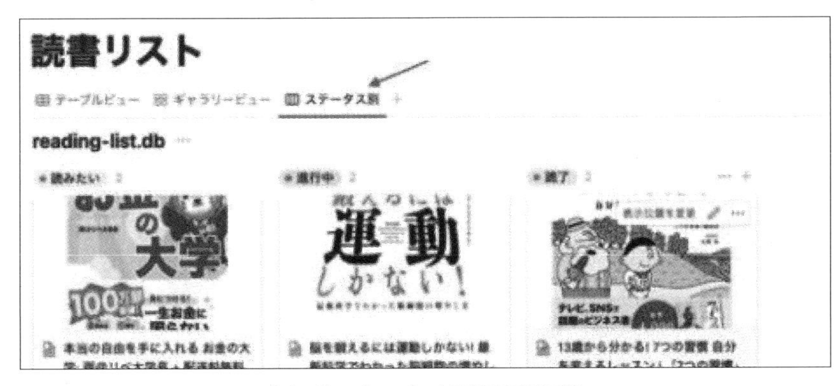

「ボード・ビュー」でも画像表示は可能

■カテゴリ別の「ボード・ビュー」

続いては、本のカテゴリ別の「ボード・ビュー」を追加しました。

カテゴリ別の「ボード・ビュー」

「カテゴリ別」に整理された状態で確認できるので、便利です。

> ※「ビュー」の追加方法や切り替え方法などは、こちらの記事が参考になります。
> 【Notion】1つのデータベース内で複数のビューを作成、切り替える方法
> https://ensei1375.com/notion-view/

工学社発行の関連図書

I/O BOOKS 安価で高機能なOfficeソフト

はじめてのWPS Office 2 [Presentation編]

■本間　ー　■A5判 128頁　■本体1,900円

「Presentation」は、プレゼンテーション用の資料ファイルを作るソフトです。

「表やグラフを挿入した資料作成」「アニメーション効果」「自動再生」など、多くの機能があります。
初心者でも扱えるように「Presentation」の各機能を解説。

I/O BOOKS 圧倒的に普及している「Webブラウザ」をトコトン活用!

Google Chromeショートカットキー&拡張機能

■パソ活　■ B5判 112頁　■本体1,900円

「PCの活用＝インターネットの利用」が大前提となっている今、Webブラウザを素早く効率的に使うことは非常に重要です。

初心者でも簡単に覚えられる「ショートカットキー」や、技術者が仕事で活用できる高度な「拡張機能」など、「Chrome」の快速操作法を伝授。

I/O BOOKS Windows標準の“超カンタン”動画エディタ

はじめてのClipchamp

■東京メディア研究会　■ B5判 112頁　■本体2,100円

今回、新しく登場した「Windows11」には、「ムービーメーカー」に代わる、簡単でシンプルな動画編集ソフトが搭載されました。また、従来の「Windows10」ユーザーも、ストアから「デスクトップ版」をインストールすれば、すぐに動画編集ができます。

Windowsユーザーを対象に、無料ですぐに試せる動画編集ソフト「Clipchamp」の「導入」と「基本操作」、そして、「YouTube」や「TikTok」に投稿するまでの流れをやさしく解説しています。

I/O BOOKS インターネット回線が「速く」なる! 「安定」する!

自宅ネット回線の掟

■勝田 有一朗　■A5判160頁　■本体2,200円

家庭内ネットワークの現状を知る方法や、インターネット接続サービスを存分に活用するための改善策を指南します。

また、新しくネットワーク機器を導入したり再設定したりするときに知っておきたい、ネットワークの知識も解説。

I/O BOOKS 機器の性能を最大限に発揮する「伝送規格」「I/F」「ケーブル」を考える!

やさしくわかるデータ伝送

■I/O編集部　■A5判144頁　■本体1,900円

「接続」には、ケーブルを使う「有線接続」と、離れた機器同士をつなぐ「無線接続」があり、データ伝送規格、ケーブルなどの種類は多種多様です。

「USB」「HDMI」「PC Express」「Wi-Fi」「5G」「Bluetooth」など、伝送規格の基礎知識を、分かりやすく解説。

I/O BOOKS 気軽に試せる「仮想空間」

体験できるPC技術

■豊田 淳　■A5判112頁　■本体2,000円

世の中には、難しい技術だけでなく、初心者が気軽にかつ簡単に、「見」たり、「体感」したり、「挑戦」したりできる技術がたくさんあります。

「ゲーム制作」や「ロボット製作」で技術を楽しんでいる著者が、誰でも簡単に体験できる「仮想空間」の技術を紹介。

索　引

アルファベット順

五十音順

N

《著者略歴》

エンセい

2020年　某地方国立大卒
文系出身からエンジニアに転職。
Notionを中心にブログで記事を発信中。

ブログ　エンセいログ(https://ensei1375.com/)

本書の内容に関するご質問は、
①返信用の切手を同封した手紙
②往復はがき
③FAX (03) 5269-6031
　(返信先のFAX番号を明記してください)
④E-mail　editors@kohgakusha.co.jp
のいずれかで、工学社編集部あてにお願いします。
なお、電話によるお問い合わせはご遠慮ください。

サポートページは下記にあります。

[工学社サイト]
http://www.kohgakusha.co.jp/

I/O BOOKS

日々の生活を快適にするNotion活用術
—タスク、マネー、情報を一括マネジメント!—

2023年 5 月30日　初版発行　©2023

著　者　エンせい
発行人　星　正明
発行所　株式会社工学社
〒160-0004 東京都新宿区四谷4-28-20 2F
電話　(03)5269-2041(代)[営業]
　　　(03)5269-6041(代)[編集]
振替口座　00150-6-22510

※定価はカバーに表示してあります。

印刷:(株)エーヴィスシステムズ

ISBN978-4-7775-2253-8